高等院校实验教材

数据结构实验教程

严 冰 柳 俊 张 泳 王云武 胡 隽 王泽兵 编著

ZHEJIANG UNIVERSITY PRESS
浙江大学出版社

前　　言

　　数据结构是计算机及相关专业的一门重要的专业基础课,它所讨论的知识内容和提倡的技术方法,无论对于进一步学习计算机领域的其他课程,还是对从事软件工程的开发,都有着不可替代的作用。而高等教育的大众化对数据结构课程的教学提出了新的要求,新的高等教育形势需要我们积极研究新的教学方法。在长期的教学实践中我们体会到,"因材施教",把实践环节与理论教学相融合,通过实践教学促进学科理论知识的学习,是有效地提高教学效果和教学水平的重要方法之一。为完善数据结构课程的实验教学,为社会培养合格和适用的专业人才,我们依据多年来讲授"数据结构"课程及指导学生实验的教学经验,在实验内容选择和安排等方面做了精心考虑,编写了这本实验教材。

　　本书编写原则是:依据课程教学大纲,充分理解课程的大多数主教材,遵循教学的规律和节奏,充分体现实验的可操作性和可选择性,可以与课程主教材辅助配套使用。另一方面,由于本书每一章除了内容丰富的实验项目外,还包含了必要的理论知识概述及习题解析,所以,还可以作为良好的自学教材,供各类学生课程学习与考前复习使用。

　　本书采用 C++ 语言作为数据结构与算法的描述语言,对应于教科书中的各知识点,每一章首先对知识点进行概述,然后给出相应内容的若干个实验项目,最后再给出习题范例解析与习题。全书由 2 个篇章组成,第一篇章是数据结构的基础部分,内容涉及数据结构和算法分析基础、线性表、栈和队列、树和二叉树、图;第二篇章是数据结构的进阶部分,内容涉及线性表和栈的应用、稀疏矩阵和广义表、特殊二叉树、图的应用、查找与排序等。每个知识点均包含 2 至 3 个实验项目,实验内容的组织充分顾及了不同的难易程度,每个实验项目除给出基本实验内容外,还包含选做内容部分与实验提示,以符合不同层次的学生。此外,每一章还给出了习题范例解析、选择题、填空题、解答题、算法设计题,以及所有习题的参考答案,这些题目大多是作者长年教学积累的成果,通过习题,希望帮助读者加深对每一个知识点的理解和掌握。

　　本书由浙江大学城市学院长期担任"数据结构"课程的教师集体编写,编著者们承担的"数据结构"课程是杭州市精品课程。该书中,严冰设计了整体框架,并编写了第二章、第六章、第七章及附录;柳俊编写了第四章和第八章;张泳编写了第十章和第十一章;王云武编写了第一章和第三章;胡隽编写了第五章和第九章。全书由严冰负责统稿,课程建设负责人王泽兵教授参与了该书的整体思路设计。本书的编写得到了浙江大学城市学院刘加海教授的大力支持,在此深表感谢!

　　本书虽经多次修改,仍可能存在不妥乃至错误之处,敬请各位专家和广大读者不吝赐教!

编　者

2012 年 1 月

目 录

第一篇 数据结构基础

第二篇　数据结构进阶

第一篇

数据结构基础

第1章 数据结构与算法分析基础

1.1 知识点概述

数据结构是一门讨论"描述现实世界实体的数学模型(非数值计算)及其上的操作在计算机中如何表示和实现"的学科。

1.1.1 基本术语

数据是计算机操作对象的总称,它是计算机处理的符号的集合,集合中的个体为一个数据元素。

数据元素可以是不可分割的原子,也可以由若干数据项合成,因此在数据结构中讨论的基本单位是数据元素,而最小单位是数据项。

数据结构是由若干特性相同的数据元素构成的集合,且在集合上存在一种或多种关系。根据关系不同可将数据结构分为四类(称为数据的逻辑结构),如图1.1所示。

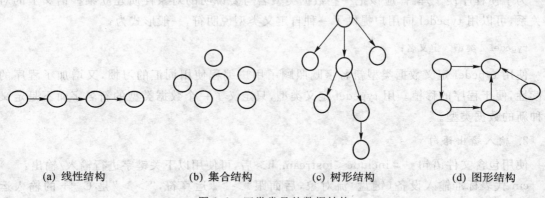

(a) 线性结构   (b) 集合结构   (c) 树形结构   (d) 图形结构

图1.1 四类常见的数据结构

数据的存储结构是数据逻辑结构在计算机中的映像,由关系的两种映像方法可得到两类存储结构:一类是顺序存储结构,它以数据元素相对的存储位置表示关系,则存储结构中只包含数据元素本身的信息;另一类是链式存储结构,它不仅仅包含数据元素本身的信息,并附加的指针信息(后继元素的存储地址)表示关系。

数据结构的操作是和数据结构本身密不可分的,两者作为一个整体可用抽象数据类型进行描述。抽象数据类型是一个数学模型以及定义在该模型上的一组操作,因此它和高级程序设计语言中的数据类型具有相同含义,而抽象数据类型的范畴更广,它不局限于现有程序设计语言中已经实现的数据类型,但抽象数据类型需要借用固有数据类型表示并实现。抽象数据类型的三大要素为数据对象、数据关系和基本操作，同时数据抽象和数据封装是抽象数据类型的两个重要特性。

1.1.2　算法和算法的量度

算法是进行程序设计的不可缺少的要素。算法是对问题求解的一种描述，是为解决一个或一类问题给出的一种确定规则的描述。一个完整的算法应该具有下列五个要素：有穷性、确定性、可行性、有输入和有输出。一个正确的算法应对苛刻且带有刁难性的输入数据也能得出正确的结果，并且对不正确的输入也能做出正确的反映。算法设计的原则主要包含以下几个方面：正确性、可读性、健壮性以及高效率与低存储量需求。

算法的时间复杂度是比较不同算法效率的一种准则，算法时间复杂度的估算基于算法中基本操作的重复执行次数，或处于最深层循环内的语句的频度。常见的时间复杂度，按数量级递增排列依次为：常数阶 $O(1)$、对数阶 $O(\log_2 n)$、线性阶 $O(n)$、线性对数阶 $O(n\log_2 n)$、平方阶 $O(n^2)$、立方阶 $O(n^3)$、指数阶 $O(2^n)$、阶层阶（$O(n!)$）、指数阶（$O(n^n)$）。

算法空间复杂度可作为算法所需存储量的一种量度，它主要取决于算法的输入量和辅助变量所占空间，若算法的输入仅取决于问题本身而和算法无关，则算法空间复杂度的估算只需考察算法中所用辅助变量所占空间，若算法的空间复杂度为常量级，则称该算法为原地工作的算法。

1.1.3　C++相关知识

1. 自定义类型

为了使程序便于理解，应该把一些数据类型名与要说明的对象性质建立某些语义上的对应关系，可以用 typedef 向用户提供了一种自定义类型说明符，一般形式为：

typedef　类型　定义名；

使用 typedef 定义数据类型新名字既照顾了用户编程使用词汇的习惯，又增加了程序的可读性，便于程序的移植。用 typedef 定义类型，只定义了一个数据类型的新名字而不是定义一种新的数据类型。

2. 输入输出语句

使用包含文件语句　♯include＜iostream. h＞后，可使用以下关键字进行输入/输出：

cin 代表标准输入设备（键盘）流对象，后面跟"＞＞"运算符，"＞＞"是 C++ 的输入运算符；

cout 代表标准输出设备（屏幕）流对象，后跟"＜＜"运算符，"＜＜"是 C++ 的输出运算符；

cerr 代表标准错误输出设备（屏幕）流对象，后跟"＜＜"运算符。

3. 引用参数

在 C 语言中，可以使用指针参数达到修改形参所指向的变量的值，但指针的间接性给人一种不实在感。C++ 引入引用的主要目的是建立某种类型的虚实体，这种虚实体不占有实际的存储空间。它作为函数参数时，从实参得到相应的地址，与实参共用相同的存储空间，也就是被调用函数中形参的变化会导致所对应实参的变化。

使用方法是在形式参数之前插入"&"符号。

4. 动态存储分配

C++的 new 运算符和 delete 运算符提供了动态分配内存的功能。new 的功能是给程序实体动态地分配存储空间,delete 运算符的功能是将用 new 运算符动态分配的空间回收。

new 和 delete 运算符都是单目运算符,new 运算符不能对动态分配的存储区进行初始化。

1.2　实验项目

1.2.1　熟悉 Project 组织应用程序实验

1. 实验目的

(1) 熟悉 VC6.0 开发环境;使用 Workspace 和 Project 组织应用程序;

(2) 回顾 C 语言程序设计,编写完整的实验应用程序,并调试通过。

(3) 掌握文件包含,以及库函数 iostream. h 中的标准输入、输出流对象 cin 和 cout,理解"引用(&)"方式的参数传递。

2. 实验内容

(1) 按下述介绍的方法,练习并掌握使用 Project 组织应用程序的方法。

步骤:

① 启动 VC++,选择"文件(File)"菜单中的"新建(New)"项,选择"工程(Projects)页",然后选择"Win32 Console Application",在右上角输入 project 的名称(如:Example),再选择合适的存储路径,然后按下"确定"按钮。这样就建立了一个新的工程。如图 1.2 所示。

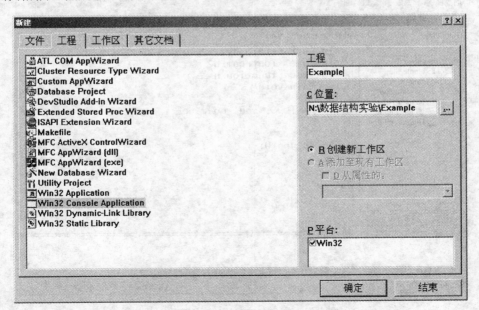

图 1.2　新建工程对话框

② 在窗口左侧出现 WorkSpace 视图,选择"FileView"页可浏览该工程所包含的文件。然后可在项目中新建源文件(菜单:文件→新建),包括"C/C++ Header File"和"C/C++ Source File"两类文件,或将已有的源文件加入到这个工程中(菜单:工程→增加到工程)。如图 1.3 所示。

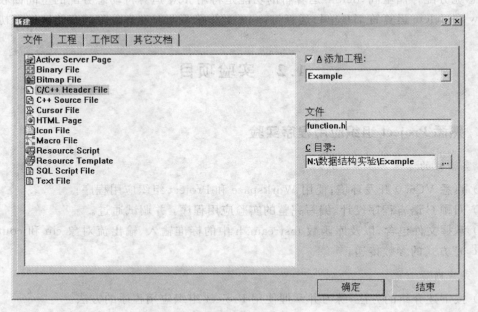

图 1.3　新建文件对话框

完成后程序组织结构如图 1.4 所示。

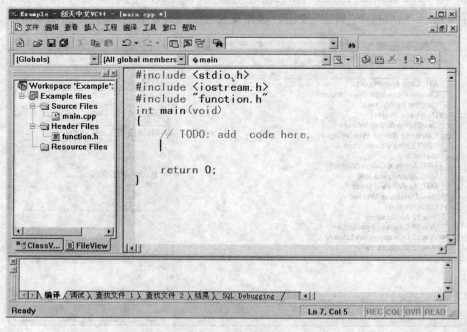

图 1.4　工程结构示意图

其中 Source Files 中包含主程序等源程序文件(如:main. cpp),Header Files 中包含头文件等(如:function.h)。

(2) 在 VC 中建立工程(工程名为 test1_1),添加头文件(test1_1.h)和源文件(test1_1.cpp)并编写如下程序加入到工程中,编译执行该程序。要求使用 cin 和 cout 进行数据的输入输出。

程序要求如下:

设 a 为长度为 n 的整数型一维数组。

①编写求 a 中的最大值、最小值和平均值的函数 void aMAX_MIN_AVE(int * a, int n, int &max, int &min, int &aver),用"引用参数"带回结果。

②编写函数 int prime_SUM(int * a, int n) 计算 a 中所有素数之和。

③选做:编写函数 void aSORT(int * a, int n) 对 a 进行从小到大的排序,并输出排序结果。

(3) 填写实验报告。

3. 实验提示

(1) test1_1.h 文件框架:

```
void aMAX_MIN_AVE(int * a, int n, int &max, int &min, int &aver)
{ //求数组 a 中的最大值、最小值和平均值
    ……
}
int prime_SUM(int * a, int n)
{ //计算数组 a 中元素值是素数的各元素之和
    ……
}
void aSORT(int * a, int n)
{ // 对数组 a 进行排序
    ……
}
```

(2) test1_1.cpp 文件框架:

```
#include <stdio.h>
#include <iostream.h>
#include "test1_1.h"
int main(void)
{
    int a[10], x, aMax, aMin, aVer;
    int i = 0;
    cin >> x;
    while(x != -1 && i < 10)
    {
        a[i++] = x;
        cin >> x;
    }
    cout << "数组中的元素为:" << endl;
```

```
        for(j = 0; j<i; j++ )
            cout << a[j] << " ";
        cout << endl;

        ......// 调用函数 aMAX_MIN_AVE

        cout << "最大值 = " << aMax << endl;
        cout << "最小值 = " << aMin << endl;
        cout << "平均值 = " << aVer << endl;
        cout << "数组中所有素数和 = " <<.........;    // 调用函数 prime_SUM

        ......... // 调用函数 aSORT

        cout << "排序后数组元素为:" << endl;
        for(j = 0;j<i;j++ )
            cout << a[j] << " ";
        cout << endl;
        return 0;
}
```

1.2.2 抽象数据类型的表示和实现实验

1. 实验目的

(1) 通过抽象数据类型三元组的表示和实现,了解抽象数据类型的定义方式。

(2) 掌握抽象数据类型的定义方式和用 C 语言实现的方法。

(3) 熟悉如何运用主函数检验各基本操作函数的正确性的具体操作

2. 实验内容

(1) 认真阅读以下有关抽象数据类型的知识:

① 抽象数据类型的概念

抽象数据类型是指一个数学模型以及定义在该模型上的一组操作。抽象数据类型的定义仅取决于它的一组逻辑特性,而与其在计算机内部如何表示和实现无关,即不论其内部结构如何变化,只要它的数学特性不变,就不影响其外部的使用。

一个含抽象数据类型的软件模块通常应包含定义、表示和实现 3 个部分。抽象数据类型通常采用以下格式定义:

```
ADT 抽象数据类型名 {
    数据对象:<数据对象的定义>
    数据关系:<数据关系的定义>
    基本操作:<基本操作的定义>
} ADT 抽象数据类型名
```

② 三元组的抽象数据类型定义及表示

我们以抽象数据类型三元组为例,说明抽象数据类型是如何定义的。三元组实际上就是一个数据对象中有 3 个数据元素。三元组中元素的数据类型,可以是整型数,也可以是字符、浮点数或者更复杂的数据类型。

以下是三元组的抽象数据类型定义：

```
ADT Triplet{
    数据对象:D = {e1, e2, e3 | e1, e2, e3∈ElemSet（ElemSet 为某个数据对象的集合）}
    数据关系:R1 = {<e1, e2>, <e2, e3>}
    基本操作:
    InitTriplet(&T, v1, v2, v3)
        操作结果:构造三元组 T,元素 e1, e2 和 e3 分别被赋以 v1, v2, v3 值
    DestroyTriplet(&T)
        操作结果:三元组 T 被销毁
    Get(T, i, &e)
        初始条件:三元组 T 已存在,1≤i≤3
        操作结果:用 e 返回 T 的第 i 元的值
    IsAscending(T)
        初始条件:三元组 T 已存在
        操作结果:如果 T 的三个元素按升序排列,则返回 1,否则返回 0
    IsDecending(Triplet T);
        初始条件: 三元组 T 已存在
        操作结果: 如果 T 的三个元素按降序排列,则返回 1,否则返回 0
    Put(&T, i, e)
        初始条件:三元组 T 已存在,1≤i≤3
        操作结果:改变 T 的第 i 元的值为 e
    Max(T, &e)
        初始条件:三元组 T 已存在
        操作结果:用 e 返回 T 的三个元素中的最大值
    Min(T, &e)
        初始条件:三元组 T 已存在
        操作结果:用 e 返回 T 的三个元素中的最小值
} ADT Triplet
```

三元组在计算机中的具体存储方式可以采用动态分配的顺序存储结构,如图 1.5 所示。

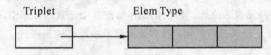

图 1.5 动态分配的顺序存储的三元组

（2）要求在计算机中实现上述三元组抽象数据类型。步骤如下：

① 首先搭好实现该抽象数据类型的整个 C 语言程序的模块框架结构图,即在一个工程中分别建立两个文件:头文件 test1_2. h 与主程序文件 test1_2. cpp。

② 编写 test1_2. h 和 test1_2. cpp 两个文件,其中 test1_2. h 中包含三元组的各种操作函数的实现,test1_2. cpp 中包含三元组存储结构定义与主函数,主函数主要用于验证 test1_2. h 中各函数的正确性。编译并调试程序,直到正确运行。

（3）填写实验报告。

3．实验提示

(1) 头文件 test1_2.h 中三元组基本操作的实现个例。

I．初始化操作：

```
int InitTriplet(Triplet &T, ElemType v1, ElemType v2, ElemType v3)
{   // 操作结果：构造三元组 T，依次置 T 的 3 个元素的初值为 v1,v2 和 v3
    //（见图 1.6），经过此操作，系统将分配给三元组 T 一个起始地址
    if (! (T = (ElemType * ) malloc (3 * sizeof(ElemType))))
            exit(0);                    // 申请空间失败,退出系统
        T[0] = v1; T[1] = v2; T[2] = v3;
        return 1;                       // 若返回值为 1,则初始化成功
}
```

图 1.6　构造三元组 T

II．销毁操作：

```
void DestroyTriplet(Triplet &T)
{   // 操作结果：三元组 T 被销毁
    free(T);
    T = NULL;
    return;
}
```

(2) 主程序文件 test1_2.cpp 框架：

```
# include <iostream. h>          // 包含输入(cin)、输出(cout)的头文件,
# include <stdio. h>             // 若采用 printf 和 scanf,则用 stdio. h 库函数
# include <stdlib. h>            // 常用函数的头文件
typedef int ElemType;            // 定义三元组元素类型 ElemType 为整型
typedef ElemType * Triplet;      //定义动态分配的三元组类型,指针 Triplet
    //指向 ElemType 类型元素的地址。初始化操作分配 3 个元素的存储空间
# include "test1_2.h"            // 包含三元组基本操作的头文件
void main()
{
    Triplet T;
    ElemType m;
    int i;
    i = InitTriplet(T, 1, 3, 5);
    printf("调用初始化函数后,i = % d (1:成功;否则:不成功)", i);
    printf("\n 三元组中三个元素的值分别为:\n");
    printf("T[0] = % d, T[1] = % d, T[2] = % d", T[0], T[1], T[2]);
    Get(T, 2, m);
    printf("\nT 的第 2 个值为: % d", m);
```

```
Put(T, 2, 6);
printf("\n改变后 T 的 3 个值为：%d，%d，%d"，T[0]，T[1]，T[2]);
Max(T, m);
printf("\nT 中的最大值为：%d"，m);
Min(T, m);
printf("\nT 中的最小值为：%d"，m);


    ..................


DestroyTriplet(T);
printf("\n销毁 T 后，T = %d\n"，T);
}
```

1.2.3　算法和算法分析实验

1. 实验目的

(1) 通过对算法的分析,了解提高算法的运算速度和降低算法的存储空间之间的矛盾。

(2) 通过对算法复杂度的分析,掌握计算时间复杂度和空间复杂度的基本方法。

(3) 初步掌握测试算法运行时间的基本方法。

2. 实验内容

(1) 根据算法编写程序

已知输入 x,y,z 三个不相等的整数,试根据如下算法(如图 1.7 所示)编写一个 C 语言函数,实现三个数从大到小顺序的输出。

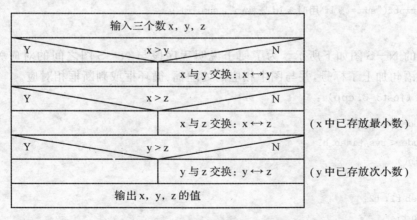

图 1.7　三个数排序算法的 N-S 图

要求：把该程序存放在文件 test3_1.cpp 中,编译并调试程序,直到正确运行。

并请分析：该算法要进行_____次比较,在最好的情况下需要交换数据元素_____次,在最坏的情况下需要交换数据元素_____次。

(2) 测试算法的运行时间

在此,我们通过一个比较两个算法执行效率的程序例子,掌握测试算法运行时间的基本方法。这里涉及 C 语言中标准的函数库 sys/timeb。sys/timeb 函数库中提供了处理与时间相关的函数。其中函数 ftime 的功能是获取当前的系统时间。

步骤 1:输入两个 C 语言主程序 test3_2.cpp 和 test3_3.cpp。

主文件（test3_2.cpp）：

```
# include <stdio.h>
# include <sys/timeb.h>   //时间函数
void main()
{
1      timeb t1, t2;
2      long t;
3      double x, sum = 1, sum1;
4      int i, j, n;
5      printf("请输入 x,n:");
6      scanf("%lf,%d", &x, &n);
7      ftime(&t1);                  // 求得当前时间
8      for(i = 1; i <= n; i++)
9      {
10       sum1 = 1;
11       for(j = 1; j <= i; j++)
12         sum1 = sum1 * (-1.0/x);
13       sum += sum1;
14     }
15     ftime(&t2);                  // 求得当前时间
16     t = (t2.time - t1.time) * 1000 + (t2.millitm - t1.millitm);  //计算时间差,转换成毫秒
17     printf("sum = %lf 用时 %ld 毫秒\n", sum, t);
}
```

该算法的 N−S 图如下所示。为了便于说明程序段与 N−S 图之间的对应关系,我们将函数体中的语句加上了标号,并与图中相应的处理框、循环框或判断框相对应。

主文件（test3_3.cpp）：

```
# include <stdio.h>
# include <sys/timeb.h>
void main()
{
    timeb t1, t2;
    long t;
    double x, sum1 = 1, sum = 1;
    int i, n;
    printf("请输入 x,n: ");
    scanf("%lf,%d", &x, &n);
    ftime(&t1);                  // 求得当前时间
    for(i = 1; i <= n; i++)
    {
        sum1 * = -1.0/x;
```

```
        sum += sum1;
    }
    ftime(&t2);                          // 求得当前时间
    t = (t2.time - t1.time) * 1000 + (t2.millitm - t1.millitm);  // 计算时间差,转换成毫秒
    printf("sum = % lf 用时 % ld 毫秒\n", sum, t);
}
```

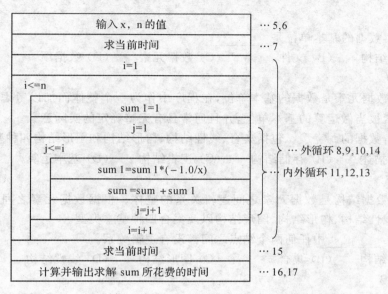

图 1.8

步骤 2:请读懂这两个算法,并分析:

这两个算法的功能是:

_____

这两个算法在程序结构上的区别是:

_____

它们的时间复杂度分别是:test3_2.cpp 为 _____ ,test3_3.cpp 为 _____ 。

你的判断是:算法 _____ 优于算法 _____ 。

步骤 3:调试这两个测试程序,并写出运行结果(其中用时与计算机的配置有关)。

test3_2.cpp 的运行结果为:

输入 x, n:_____ ;

输出为:_____ 。

test3_3.cpp 的运行结果为:

输入 x, n:_____ ;

输出为:_____ 。

(3)编写程序并分析时间复杂度。

编写高效率的程序计算 1! /2+2! /3+…+i! /(i+1)+…+n! /(n+1)的值,把该程序存放在文件 test3_4.cpp 中,并分析:

该算法的时间复杂度为＿＿＿＿＿＿＿＿＿

该算法的时间效率是否已经最优＿＿＿＿＿＿＿＿＿

（4）填写实验报告。

1.3 习题范例解析

1.选择题:数据的基本单位是＿＿＿＿＿。

（A）数据结构　　　（B）文件　　　　（C）数据元素　　　（D）数据项

【答案】　C

【解析】　数据元素是数据的基本单位,在程序中作为一个整体而加以考虑和处理。换句话说,数据元素被当做运算的基本单位,并且通常具有完整确定的实际意义。

2.选择题:数据的＿＿＿＿＿＿包括集合、线性结构、树形结构和图形结构四种基本类型。

（A）算法描述　　　（B）存储结构　　　（C）逻辑结构　　　（D）基本运算

【答案】　C

【解析】　数据结构是数据元素之间逻辑关系的整体。根据数据元素之间关系的不同特性,通常包括线性结构、树形结构、图形结构以及集合四种基本类型。

3.选择题:＿＿＿＿＿＿中任何两个结点之间都没有逻辑关系。

（A）树形结构　　　（B）集合　　　　（C）图形结构　　　（D）线性结构

【答案】　B

【解析】　树形结构形态类似于自然界的树,具有层次特性。这种数据结构的特点是数据元素之间的 1 对 N 联系。图形结构是每个结点可以有任意多个前驱结点和任意多个后继结点。线性结构中每个数据元素有且仅有一个直接前驱元素(除第一个元素外),有且仅有一个直接后继元素(除最后一个元素外)。集合结构是指只存在元素的集合,不存在关系的集合。

4.选择题:下面的程序段违反了算法的＿＿＿＿＿＿原则。

```
void sam()
{   int n = 2;
    while (n % 2 == 0)    n += 2;
    printf(n);
}
```

（A）有穷性　　　（B）确定性　　　（C）可行性　　　（D）健壮性

【答案】　A

【解析】　有穷性是指对于任意的组合法输入值,在执行有穷步骤之后一定能结束,即:算法中的每个步骤都能在有限时间内完成;确定性是指对于每种情况下所应执行的操作,在算法中都有确切的规定,使算法的执行者或阅读者都能明确其含义及如何执行。并且在任何条件下,算法都只有一条执行路径;可行性指的是算法中的所有操作都必须足够基本,都可以通过已经实现的基本操作运算有限次实现之;健壮性是当输入的数据非法时,算法应当恰当地作出反应或进行相应处理,而不是产生莫名其妙的输出结果。

分析以上代码,初始状态 n＝2,因此条件 n%2 ＝＝0 成立,进入循环,循环体语句 n＋＝2 使得 n 的值每次增加 2,由于初始状态 n 是偶数,每次增加 2 后 n 仍然是偶数,因此循环条件永远为真,这样就导致无限循环。

5.填空题:一个算法的时间复杂度是_____的函数。

【答案】　算法输入规模

【解析】　一般情况下,一个算法的时间复杂性是算法输入规模的函数。一个算法的输入规模或问题是指作为该算法输入的数据所含数据元素的数目,或与此数目有关的其他参数。

6.填空题:通常评价算法质量的标准有_____、_____、_____和_____。

【答案】　正确性、可读性、健壮性和高效率与低存储量需求

【解析】　通常从以下四个方面评价算法的质量:

(1) 正确性:算法应能正确地实现预定的功能。

(2) 可读性:算法主要是为了人的阅读与交流,其次才是为计算机执行。因此算法应该易于人的理解;另一方面,晦涩难读的程序易于隐藏较多错误而难以调试

(3) 健壮性:当输入的数据非法时,算法应当恰当地作出反应或进行相应处理,而不是产生莫名其妙的输出结果。

(4) 高效率与低存储量需求:通常,效率指的是算法执行时间;存储量指的是算法执行过程中所需的最大存储空间。

7.填空题:以算法在所有输入下的计算量的_____作为算法的计算量,这种计算量称为算法的最坏情况时间复杂性。以算法在所有输入下的计算量的_____作为算法的计算量,这种计算量称为算法的平均时间复杂性。

【答案】　最大值、加权平均值

【解析】　以计算在所有输入下的计算量的最大值作为算法的计算量,这种计算量称为算法的最坏情况时间复杂性或最坏情况时间复杂度。以算法在所有输入下的计算量的加权平均值作为算法的计算量,这种计算量称为算法的平均时间复杂性或平均时间复杂度。最坏情况时间复杂性和平均时间复杂性通常称为时间复杂性(时间复杂度)。

8.应用题:计算下列程序段中 x＝x＋1 的语句频度

```
for(i = 1;i< = n;i++ )
    for(j = 1;j< = i;j++ )
        for(k = 1;k< = j;k++ )
            x = x+1;
```

【答案】　$\dfrac{n(n+1)(n+2)}{6}$

【解析】　语句频度指的是该语句执行的次数。x＝x＋1 的语句频度为:

$=\sum_{i=1}^{n}\sum_{j=1}^{i}\sum_{k=1}^{j}1$,先从内部计算得到 $=\sum_{i=1}^{n}\sum_{j=1}^{i}j$,再计算内部得到 $=\sum_{i=1}^{n}\dfrac{i(i+1)}{2}=$

$\dfrac{\sum_{i=1}^{n}i^2+\sum_{i=1}^{n}i}{2}=\dfrac{\dfrac{n(n+1)(2n+1)}{6}+\dfrac{n(n+1)}{2}}{2}$,化简后得到语句频度为:$\dfrac{n(n+1)(n+2)}{6}$。

9.应用题:求出下列各代码段的时间复杂度。

① 代码段如下:

```
for(i = 1;i<n;i++)
{
```

```
y = y + 1;              (1)
for(j = 0;j< = 2 * n;j++)
    x++ ;                (2)
}
```

【答案】　O(n²)

【解析】　一个算法中所有语句的频度之和构成了该算法的运行时间。在本例算法中,其中语句(1)的频度是 n−1,语句(2)的频度是(n−1)(2n+1)＝2n²−n−1。则该程序段的时间复杂度 T(n)＝n−1+2n²−n−1＝O(n²)。

② 代码段如下

```
double fact(int n)
{
    if (n< = 1)  return 1;        (1)
    else   return n * fact(n−1);    (2)
}
```

【答案】　O(n)

【解析】　设 fact(n)的运行时间函数为 T(n)。该函数中语句 1 的运行时间为 O(1),语句 2 的运行时间为 T(n−1)+O(1),其中 O(1)为运算时间。

因此:

$$T(n) = \begin{cases} O(1) & n \leqslant 1 \\ T(n-1)+O(1) & n > 1 \end{cases}$$

则:

```
T(n) = O(1) + T(n−1)
     = 2 * O(1) + T(n−2)
     …
     = (n−1) * O(1) + T(1)
     = n * O(1)
     = O(n)
```

即 fact(n)的时间复杂度为 O(n)

10. 应用题:在编制管理通讯录的程序时,什么样的数据结构合适? 为什么?

【答案】　应从两方面进行考虑若通讯录变动较少(如城市私人电话号码),主要用于查询,则以顺序存储较方便,既可顺序查找也可随机查找;若通讯录经常有增删操作,用链式存储结构较为合适,将每个人的情况作为一个元素(即一个结点存放一个人),设姓名作关键字,链表安排成有序表,这样可提高查询速度。

【解析】　由于通讯录包含内容很多,对于通讯录中不同的数据结构可能需要不同的数据结构来表现,所以选用的数据结构应能够满足用户操作时的需要。

1.4　习　题

1.4.1　选择题

1. 算法的时间复杂度取决于_____。

(A) 问题的规模　　　　　　　　(B) 待处理的数据的初态

(C) 问题的难度　　　　　　　　(D)　A 和 B

2. 数据在计算机内存中的表示是指_____。

(A) 数据的存储结构　　　　　　(B) 数据结构

(C) 数据的逻辑结构　　　　　　(D) 数据元素之间的关系

3. 在数据结构中,与所使用的计算机无关的数据结构是_____。

(A) 逻辑　　　　　　　　　　　(B) 存储

(C) 逻辑和存储　　　　　　　　(D) 物理

4. 在数据结构中,从逻辑上可以把数据结构分成_____。

(A) 动态结构和静态结构　　　　(B) 紧凑结构和非紧凑结构

(C) 线形结构和非线形结构　　　(D) 内部结构和外部结构

5. 算法指的是_____。

(A) 算机程序　　　　　　　　　(B) 解决问题的计算方法

(C) 排序算法　　　　　　　　　(D) 解决问题的有限运算序列

6. 算法能正确的实现预定功能的特性为算法的_____。

(A) 正确性　　(B) 易读性　　(C) 健壮性　　(D) 高效性

7. 数据的不可分割的基本单位是_____。

(A) 元素　　(B) 结点　　(C) 数据类型　　(D) 数据项

8. 算法分析的目的是__①__,算法分析的两个主要方面是__②__。

① (A) 找出数据结构的合理性　　(B) 研究算法中的输入和输出的关系

(C) 分析算法的效率以求改进　　(D) 分析算法的易懂性和文档性

② (A) 空间复杂性和时间复杂性　(B) 正确性和简明性

(C) 可读性和文档性　　　　　　(D) 数据复杂性和程序复杂性

9. 数据的逻辑关系是指数据元素的_____。

(A) 关联　　(B) 结构　　(C) 数据项　　(D) 存储方式

10. 执行下面程序段时,执行 S 语句的频度为_____。

```
for(int i = 0;i<n;i++)
    for(int j = 1;j<=i;j++)
        S;
```

(A) n^2　　　　(B) $n^2/2$　　　(C) $n(n+1)$　　(D) $n(n+1)/2$

11. 下列关于数据的逻辑结构的叙述中,_____是正确的。

(A) 数据的逻辑结构是数据元素间关系的描述

(B) 数据的逻辑结构反映了数据在计算机中的存储方式

(C) 数据的逻辑结构分为顺序结构和链式结构

(D) 数据的逻辑结构分为静态结构和动态结构

12. 下列算法 suanfa 的时间复杂度为_____。

```
int suanfa(int n)
{
    int t = 1;
    while(t< = n)
        t = t * 2;
    return t;
}
```

(A) $O(\log_2 n)$　　(B) $O(2^n)$　　　　(C) $O(n^2)$　　　　(D) $O(n)$

13. 以下数据结构中_____是线性结构。

(A) 有向图　　　　(B) 栈　　　　　(C) 线索二叉树　　(D) B 树

选择题答案：

1. D　　　2. A　　　3. A　　　4. C

5. D　　　6. A　　　7. D　　　8. ①C　②A

9. B　　　10. D　　　11. A　　　12. A

13. B

1.4.2　填空题

1. 数据的逻辑结构包括_____ 和_____。

2. 线性结构中元素之间存在着_____关系,图形结构中元素之间存在着_____关系。

3. 数据的基本单位是_____。

4. 在图形结构中,每个结点的前驱结点数和后续结点数可以_____。

5. 一个数据结构在计算机中的表示(映像)称为_____。

6. 数据的逻辑结构可分为_____、_____、树形结构和_____四种。

7. 数据的存储结构主要分为_____和_____两种。

8. 在线性结构和树形结构中,前驱结点和后继结点之间分别存在着_____和_____的联系。

9. 算法的 5 个重要特性是:输入、输出、正确性、确定性和_____。

10. 算法的复杂度分为_____、_____两种。

11. 算法的时间复杂度取决于_____和待处理的数据的初态。

12. 若一个算法中的语句频度之和为 $T(n)=4n\log_2 n$,则算法的时间复杂度为_____。

13. 逻辑结构通常可以用一个二元组 $B=(K,R)$ 来表示,其中 K 表示_____,R 表示_____。

14. 线性表的逻辑顺序与存储顺序总是一致的,这种说法是_____的(填正确或错误)。

15. 每种数据结构都具备 3 个基本操作:插入、删除和查找,这种说法是_____的(填正确或错误)。

16. 数据结构是相互之间存在一种或多种特定关系的数据元素的集合,它包括 3 方面的内容,分别是逻辑结构、_____和算法。

17. 在线性结构中,第一个结点_____前驱结点,其余每个结点有且只有_____个前驱结点;最后一个结点_____后续结点,其余每个结点有且只有_____个后续结点。

18. 在树形结构中,树根结点没有_____结点,其余每个结点有且只有_____个直接前驱结点,叶子结点没有_____结点,其余每个结点的直接后续结点可以_____。

19. 分析下面算法(程序段),给出最大语句频度_____,该算法的时间复杂度是_____。

```
for (i = 0;i<n;i++)
    for (j = 0;j<n; j++)
        A[i][j] = 0;
```

20. 分析下面算法(程序段),最大语句频度是_____,该算法的时间复杂度是_____。

```
for (i = 0;i<n;i++)
    for (j = 0; j<i; j++)
        A[i][j] = 0;
```

21. 分析下面算法(程序段),最大语句频度是_____,该算法的时间复杂度是_____。

```
s = 0;
for (i = 0;i<n;i++)
    for (j = 0;j<n;j++)
        for (k = 0;k<n;k++)
            s = s + B[i][j][k];
    sum = s;
```

填空题答案:

1. 线性结构　　非线性结构

2. 一对一　　多对多

3. 数据元素

4. 不限

5. 数据的存储结构

6. 集合　　线性结构　　图形结构

7. 顺序存储　　链式存储

8. 一对一　　一对多

9. 有穷性

10. 时间复杂度　　空间复杂度

11. 问题的规模

12. $O(n\log_2 n)$

13. 数据元素的集合　　数据元素之间的关系

14. 错误

15. 正确

16. 存储结构

17. 无 1　无　1

18. 前驱　1 后继　不限

19. n^2　　$O(n^2)$

20. $n(n+1)/2$　　　$O(n^2)$

21. n^3　　$O(n^3)$

1.4.3　应用题

1. 若有 100 个学生,每个学生有学号、姓名、平均成绩,采用什么样的数据结构最方便?写出这些结构。

2. 求出下列各代码段的时间复杂度。

①代码段如下:

```
i = s = 0;
while(s<n)
{
    s += ++i;
}
```

②代码段如下:

```
i = 1;
while(i< = n)
    i = i * 2;
```

3. 按要求操作:

①有如下定义语句,

```
int ( * a[10])();
```

现要求定义一个数据类型,类型名为 Paf,满足:

Paf a; 等价于上面的定义语句。

② 用 new 运算符和 malloc 函数分别申请可以连续存放 20 个整数的空间,并用相应的运算符和函数释放。

应用题答案:

1. 将学号、姓名、平均成绩看成一个记录(元素,含三个数据项),将 100 个这样的记录存于数组中。因一般无增删操作,故宜采用顺序存储。

```
typedef struct {
    int num;  // 学号
    char name[20];  //姓名
    double score;     //平均成绩
}node;
node student[100];
```

2．① $O(\sqrt{n}\,)$

② $O(\log_2 n)$

3．① typedef int (* Paf[10])( );

②使用 new 和 delete 运算符：

ⅰ.定义整型指针变量；

　　int * p；

ⅱ.申请空间

　　p＝new int[20]；

ⅲ.释放空间

　　delete [ ]p；

　　使用 malloc 函数和 free 函数

ⅰ.定义整型指针变量；

　　int * p；

ⅱ.申请空间

　　p＝(int *)malloc(20 * sizeof(int))；

ⅲ.释放空间

　　free(p)；

第 2 章 线性表

2.1 知识点概述

2.1.1 线性表的定义和抽象数据类型

线性表是最简单、最常用的一类数据结构。简单地说，线性表是 n(n≥0)个相同类型数据元素 $a_1, a_2, \cdots, a_i, \cdots, a_n$ 构成的有限序列，通常表示为（$a_1, a_2, \cdots, a_i, \cdots, a_n$）。线性表中元素的个数 n 称为线性表的长度，n＝0 时称为空表。线性表的第一个元素 a_1 称为表头元素，最后一个元素 a_n 称为表尾元素。线性表中的元素是按照前后位置线性有序的，通常把第 i 个元素 a_i 称为第 i+1 个元素 a_{i+1} 的前驱，元素 a_{i+1} 称为元素 a_i 的后继。

线性表是一种线性结构，用二元组表示为：

Linear_list = (D, R)

其中，

D = {a_i | $a_i \in$ ElemType, i = 1,2,…,n, n≥0}
R = {r}
r = {< a_i, a_{i+1} > | a_i, $a_{i+1} \in$ ElemType, i = 1,2,…,n−1}

线性表相当灵活，它的长度可根据需要增长或缩短，即对线性表的数据元素不仅可以进行访问，还可以在任意位置进行插入和删除等。

线性表的抽象数据类型定义如下：

```
ADT LinearList is
    Data:
        n(n≥0)个相同类型数据元素 a₁, a₂, …, aₙ构成的有限序列,用类型名 ListType 表示。
    Operation:
        void   InitList(ListType &L);        //初始化 L 为空
        void   ClearList(ListType &L);       //清除 L 中所有元素
        int    LenthList(ListType L);        //返回 L 的长度
        bool   EmptyList(ListType L);        //判断 L 是否为空,若空返回 1,否则返回 0
        ElemType  GetList(ListType L, int pos);    //返回 L 中第 pos 个元素的值
        void   TraverseList(ListType L);           //遍历输出 L 中的所有元素
        bool   FindList(ListType L, ElemType item);
            //从 L 中查找元素 item,若查找成功返回 1,否则返回 0
        bool   InsertList(ListType &L, ElemType item, int pos);
```

　　　　　　//向 L 插入元素 item,并返回是否插入成功。1≤pos≤n 时插在第 pos 位置;

　　　　　　//pos = − 1 时插在表尾;pos = 0 时插在有序表的适当位置,使保持有序

　　　　bool　DeleteList(ListType &L, ElemType &item, int pos);

　　　　　　//从 L 删除元素,被删元素赋给 item,并返回是否删除成功。

　　　　　　//1≤pos≤n 时删除第 pos 位置上的元素;pos = − 1 时删除表尾元素;

　　　　　　// pos = 0 时删除指定元素 item

　　　　void　SortList(ListType &L);　　　//对 L 中的元素进行排序

　　end LinearList

　　这里列出的线性表的基本操作是线性表中一些常见的基本操作,读者可以根据需要添加一些别的基本操作。

2.1.2　线性表的顺序存储表示

　　线性表的存储结构主要有两种,即顺序存储和链接存储。

　　线性表的顺序存储结构是指用一组地址连续的存储单元依次存储线性表的各个数据元素。其特点是逻辑上相邻的元素在物理存储上也相邻。假设线性表的每个元素需占用 b 个存储单元,并以所占的第一个单元的存储地址作为数据元素的存储位置,则线性表中第 i 个数据元素的存储位置 $LOC(a_i)$ 为:

$$LOC(a_i) = LOC(a_1) + (i-1) * b$$

　　其中:$LOC(a_1)$ 是线性表的第一个数据元素 a_1 的存储位置,通常称为线性表的起始位置。线性表的顺序存储结构示意图如图 2.1 所示,其中 MAXSIZE 为顺序存储的线性表允许的最大空间量。

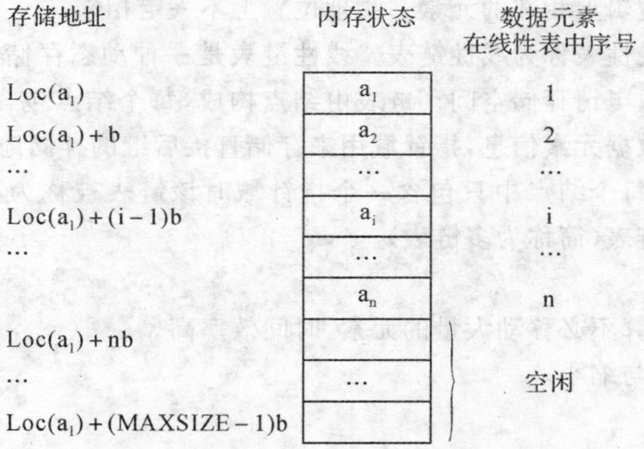

存储地址	内存状态	数据元素 在线性表中序号
$Loc(a_1)$	a_1	1
$Loc(a_1) + b$	a_2	2
…	…	…
$Loc(a_1) + (i-1)b$	a_i	i
…	…	…
	a_n	n
$Loc(a_1) + nb$		
…	…	空闲
$Loc(a_1) + (MAXSIZE-1)b$		

图 2.1　线性表的顺序存储结构示意图

　　通常把顺序存储结构的线性表称为顺序表。顺序表可以使用数组来实现,数组的基本类型就是线性表中元素的类型,数组的大小(又称数组长度)要大于等于线性表的长度。

　　顺序表的存储结构类型定义可描述为:

```
typedef  struct
{
    ElemType  list[MaxSize]; //数组名为 list
    int  size;               //存储当前元素的个数,最后一个元素的数组下标为 size − 1
```

```
} SeqList;
```

由于线性表的长度可变,且所需最大存储空间随问题的不同而不同,人们常使用动态分配的一组连续的存储空间存放顺序表中各个元素,类型定义可表示为:

```
typedef  struct
{
    ElemType  *list;    //动态存储空间的首地址
    int  size;          //存储当前元素的个数,最后一个元素的数组下标为 size-1
    int MaxSize;        //动态存储空间的大小,即 list 数组的长度
} SeqList;
```

顺序表的优点是:

(1)无需为表示数据元素之间的关系增加额外空间,空间单元利用率高。

(2)是属于随机存储机制,可以根据元素的位置方便地随机存取表中的任一元素。

顺序表的缺点是:

(1)插入和删除运算需移动数据元素,时间效率较低。

(2)顺序表开辟的存储空间不易扩充。

2.1.3　线性表的链接存储表示

线性表的链接存储结构是指用一组任意的存储单元存储线性表的数据元素,这组存储单元可以是连续的,也可以是不连续的。在链接存储中,对每个数据元素来说,除了存储其本身的信息之外,还需要存储一个指示其直接后继的信息(即直接后继的存储地址)。线性表的链接存储结构的特点是逻辑上相邻的元素在物理位置上不一定相邻。

链式存储结构的线性表称为线性链表。线性链表是一种动态存储的数据结构,在创建时利用动态存储分配函数申请存储空间。链表由结点构成,每个结点包含数据域(值域)与指针域。数据域用来存储数据元素信息,指针域用来存储直接后继的存储地址(即指向该结点的下一个结点)。当链表的每个结点中只包含一个指针域时该链表被称为单向链表(简称为单链表),否则被称为多向链表(简称为多链表)。

链表的优点是:

(1)插入和删除运算不必移动大量的元素,时间效率高。

(2)链表容易扩充与缩小。

链表的缺点是:

(1)需要为表示数据元素之间的关系增加额外空间,空间单元利用率低。

(2)是属于顺序存储机制,在存取元素时不太方便,需从给定的某结点开始逐步向后(或向前)一一遍历,直到遍历到所需结点。

1. 单向链表

构成链表的结点只有一个指针域时,链表被称为单向链表。单向链表数据元素之间的关系由结点的指针指示。单链表示意图如图 2.2 所示。其中存储第一个元素的结点即 a_1 结点称为表头结点,存储最后一个元素的结点即 a_n 结点称为表尾结点,指向表头结点的指针即 L 称为表头指针。由表头指针可遍历单链表中的所有结点,故通常用表头指针表示单链表。

有时,在单链表的表头结点之前附设一个结点,称之为表头附加结点。表头附加结点的数

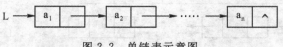

图 2.2 单链表示意图

据域可以不存储任何信息,也可以存储如线性表的长度等附加信息;表头附加结点的指针域存储表头结点的地址(即指向第一个元素结点)。带表头附加结点的单链表示意图如图 2.3 所示。

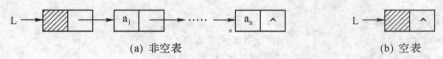

(a) 非空表　　　　　　　　　　　　　　　　　(b) 空表

图 2.3 带表头附加结点的单链表示意图

单向链表中设置表头附加结点的主要作用是:

(1)使空表和非空表统一,即链表始终具有一个表头指针。

(2)使算法处理结点一致,无需特别关注结点是否为第一个结点。

单向链表的结点类型可定义如下:

```
typedef struct Node {
    ElemType data;         // 存放数据元素信息
    struct Node * next;    // 存放下一个结点的地址
} LNode;
```

2. 循环链表

当链表中最后一个结点的指针域指向表头结点(或表头附加结点),整个链表形成一个环时称为循环链表。循环链表的优势在于从表中任一结点出发均可找到表中其他结点。带表头附加结点的单向循环链表的示意图如图 2.4 所示。

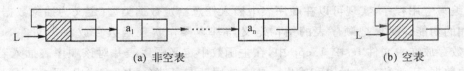

(a) 非空表　　　　　　　　　　　　　　　　　(b) 空表

图 2.4 带表头附加结点的循环单链表示意图

3. 双向链表

单链表中的每个结点只设有一个指向其直接后继结点的指针域,由此,从某个结点出发只能顺指针方向往后寻找其他结点。若要查寻某结点的直接前驱,则需从表头指针出发一一遍历查找。为了克服单链表的这种单向性缺陷,可以在链表的每个结点中增设一个指向该结点直接前驱的指针域,构成一个双向链表。双向链表示意图如图 2.5 所示。

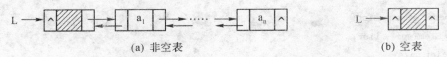

(a) 非空表　　　　　　　　　　　　　　　　　(b) 空表

图 2.5 带表头附加结点的双向链表示意图

有时也可构成一个双向循环链表,其示意图如图 2.6 所示。

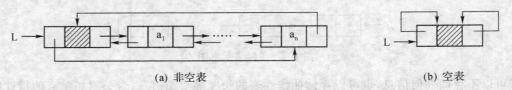

(a) 非空表　　　　　　　　　　　　　　　(b) 空表

图 2.6　带表头附加结点的双向循环链表示意图

双向链表的结点类型可定义如下：

```
typedef struct Node{
    ElemType  data;              //存放数据元素信息
    struct Node * left;          // 存放直接前驱结点的地址
    struct Node * right;         // 存放直接后继结点的地址
} DNode；
```

2.2　实验项目

2.2.1　线性表的顺序存储实验

1. 实验目的

(1)掌握线性表的顺序存储结构；

(2)掌握线性表的动态分配顺序存储结构及基本操作的实现函数；

(3)进一步熟悉数据结构及算法的程序实现的基本方法。

2. 实验内容

(1)编写应用程序,实现可以在顺序表中插入任意给定数据类型(定义为抽象数据类型)数据并求和的功能。要求把顺序表的结构定义与基本操作实现函数存放在头文件 SeqList. h 中,主函数存放在主文件 test2_1. cpp 中,在主函数中定义顺序表并对该顺序表插入若干个整数类型的数据(正整数),然后求和输出。要求使用动态存储分配的方式申请数组空间。

(2)选做:编写函数 bool DeleteElem(SeqList &L, int min, int max),实现从顺序表中删除其值在给定值 min 和 max 之间(min < max)的所有元素,要求把该函数添加到头文件 SeqList. h 中,并在主文件 test2_1. cpp 中添加相应语句进行测试。

(3)填写实验报告。

3. 实验提示

(1)结构定义及基本操作实现函数框架(没有包含选做函数)

```
typedef struct List{
    ElemType * list;
    int size;
    int MaxSize;
}SeqList；
void InitList(SeqList &L)
```

```
{    //初始化线性表
    …………
}
void ClearList(SeqList &L)
{    //清除线性表
    …………
}

int LengthList(SeqList L)
{    //求线性表长度
    …………
}
void TraverseList(SeqList L)
{    //遍历线性表
    …………
}
bool InsertList(SeqList &L, ElemType item, int pos)
{    //按给定条件 pos 向线性表插入一个元素
    …………
}
ElemType GetList(SeqList L, int pos)
{    //在线性表 L 中求序号为 pos 的元素,该元素作为函数值返回
    …………
}
```

(2)主程序文件框架(没有包含选做部分)

```
#include <stdio.h>
#include <stdlib.h>

typedef _____ ElemType;
#define MAXSize   10;
#include "SeqList.h"

void main(void)
{
    SeqList myList;
    int i = 1, x, sum = 0, n;

    InitList(_____);
    scanf("%d", &x);
    while(x != -1)  {
        if(InsertList (myList,_____, i) == 0) {
            printf("错误! \n");
            return ;
```

```
            }
            i++ ;
            scanf(" % d", &x);
        }
        TraverseList(myList);
        n = LengthList (myList);
        for (i = 1; i< = n; i++)  {
            x = GetList(myList, i);
            sum = _____ + x;
        }
        printf(" % d\n ", sum);
        ClearList(myList);
}
```

2.2.2　线性表的链式存储实验

1. 实验目的

(1)掌握线性表的链式存储结构;

(2)掌握单链表、循环单链表的一些基本操作的实现函数。

2. 实验内容

(1)设线性表采用带表头附加结点的单链表存储结构,请编写线性表各基本操作的实现函数,并把它们存放在头文件 LinkList. h 中,同时建立一个验证操作实现的主函数文件 test2_2. cpp。编译并调试程序,直到正确运行。

(2)选做:编写一个函数 void MergeList(LNode ∗ &La, LNode ∗ &Lb, LNode ∗ &Lc),实现将两个带表头附加结点的有序单链表 La 和 Lb 合并成一个新的带表头附加结点的有序单链表 Lc 的功能,要求利用原存储空间。请把该函数添加到头文件 LinkList. h 中,并在主文件 test2_2. cpp 中添加相应语句进行测试。

(3)填写实验报告。

3. 实验提示

(1)单向链表的存储结构定义

```
struct  LNode  {
    ElemType  data;      // 存放结点中的数据信息
    LNode  ∗ next;        // 指示下一个结点地址的指针
}
```

(2)线性表的基本操作实现函数首部

① void InitList (LNode ∗ &H)   //初始化单链表

② void ClearList(LNode ∗ &H)   //清除单链表

③ int LengthList (LNode ∗ H)   //求单链表长度

④ bool EmptyList (LNode ∗ H)   //判断单链表是否为空表

⑤ ElemType GetList (LNode ∗ H, int pos)   //取单链表第 pos 位置上的元素

⑥ void TraverseList(LNode ∗ H)   //遍历单链表

⑦ bool InsertList(LNode * &H, ElemType item, int pos)

　　//按给定条件 pos 向单链表插入一个元素

⑧ bool DeleteList(LNode * &H, ElemType &item, int pos)

　　//按给定条件 pos 从单链表中删除一个元素

（3）带表头附加结点的单链表初始化操作函数样例

```
void InitList(LNode * &H)
{   //构造一个空的线性链表 H，即为链表设置一个头结点，
    //头结点的 data 数据域不赋任何值，头结点的指针域 next 则为空
    H = new LNode;        // 产生头结点 H
    if（!H） exit(0);      // 存储分配失败，退出系统
    H－＞next = NULL;      // 指针域为空
}
```

2. 2. 3　约瑟夫环的实现

1. 实验目的

（1）掌握利用线性表的各种操作来进行实际应用；

（2）学会通过对问题的分析，设计一种合理的数据结构，并进行定义及操作实现；

（3）进一步提高程序设计的能力。

2. 实验内容

（1）编写程序，模拟约瑟夫环（Josephus）问题：n 个人（编号为 1，2，3，…，n，n＞0）按顺时针方向围坐一圈，每人持有一个正整数密码。开始时任意给出两个值：一个为首先报数的人的编号 i（1≤i≤n），另一个为起始报数上限值 m。接着从编号为 i 的人开始按顺时针方向自 1 起顺序报数，报到 m 时停止报数，且报到 m 的人出列，并将他的密码作为新的 m 值，从他在顺时针方向上的下一个人起重新自 1 报数，…，如此下去，直到所有人全部出列为止。要求设计一个程序模拟上述过程，输出出列人的编号序列。

基本要求：

① 人数 n、每人的正整数密码、首次报数人编号 i 及初始报数上限值 m 均由键盘输入；

② 参照线性表的抽象数据类型定义，设计本实验的抽象数据类型；

③ 根据自己设计的抽象数据类型，分别用顺序存储结构和链式存储结构实现约瑟夫环问题，并将顺序存储结构的程序存放在文件 Josephus_Seq. h（基本操作函数）、test2_3_1. cpp（主函数）中，链式存储结构的程序存放在文件 Josephus_Link. h（基本操作函数）、test2_3_2. cpp（主函数）中。

④ 设计测试数据，并调试程序，直到正确运行。

（2）填写实验报告。

3. 实验提示

（1）程序运行时，首先要求用户输入人数及每人的密码，然后还需输入首次报数人编号及初始报数上限值。当人数 n＝6，6 人的密码分别为 2，5，7，2，6，4，且首次报数人编号 i＝3，初始报数上限值 m＝6 时，出列人的编号次序应为：2 1 4 6 5 3。

（2）设计抽象数据类型时，基本操作可考虑包括创建操作（建立顺序表或链表）、报数操

作等。

（3）设计存储结构时，若用顺序存储结构实现，可考虑采用环形数组（即把数组看成是首尾相接的）；若用链式存储结构实现，可考虑采用循环链表。

2.3　习题范例解析

1. 选择题：若长度为 n 的线性表采用顺序存储结构，在第 i 个位置插入一个元素，需要依次向后移动_____个元素。

(A)n－i　　　　　(B)n＋i　　　　　(C)n－i－1　　　　　(D)n－i＋1

【答案】　D

【解析】　线性表的顺序存储结构通常使用数组来实现，当要在数组中的第 i 个位置上插入一个元素时，需要先把数组中的第 i 个元素到第 n 个元素全都向后移动一个位置，使空出第 i 个位置来进行插入，而从第 i 个元素到第 n 个元素共有 n－i＋1 个元素，故需向后移动 n－i＋1 个元素。

2. 选择题：以下关于链式存储结构的叙述中，_____是不正确的。

(A)结点除自身信息外还包括指针域，因此空间利用率小于顺序存储结构

(B)逻辑上相邻的结点物理上不必邻接

(C)可以通过计算直接确定第 i 个结点的存储地址

(D)插入、删除运算操作方便，不必移动结点

【答案】　C

【解析】　线性表的链接存储结构是用一组任意的存储单元存储线性表的数据元素，这组存储单元可以是连续的，也可以是不连续的，因此在链接存储中，对每个数据元素来说，除了存储其本身的信息（即结点的数据域）之外，还需要存储其直接后继的地址（即结点的指针域）。线性表的链接存储结构的特点是逻辑上相邻的元素在物理位置上不一定相邻。而线性表的顺序存储结构是用一组地址连续的存储单元来依次存储线性表的各个数据元素，通过位置即可存取元素（根据位置可直接计算出元素的存储地址），不需存储地址信息，但进行插入或删除操作时，需要移动插入或删除点的后续所有数据元素的位置。因此与顺序存储结构相比较，链接存储结构的优点是插入和删除运算不必移动大量的元素（改变结点指针域的值即可），时间效率高，链接存储结构的缺点是需要为表示数据元素之间的关系增加额外空间，空间单元利用率低，且存取元素时不太方便，需从给定的某结点开始沿指针方向一一遍历直到找到所需结点。综上所述，C 是不正确的。

3. 填空题：线性表 L＝(a_1，a_2，…，a_n)用一维数组表示，假定删除线性表中任一元素的概率相同（都为 1/n），则删除一个元素平均需要移动元素的个数是_____。

【答案】　(n－1)/2

【解析】　当要删除数组中第 1 个位置上的元素 a_1 时，需要将 a_2，…，a_n 共 n－1 个元素全都向前移动一个位置；当要删除数组中第 i 个位置上的元素 a_i 时，需要将 a_{i+1}，…，a_n 共 n－i 个元素全都向前移动一个位置；当要删除数组中最后一个位置上的元素 a_n 时，不需要移动元素位置。已知删除线性表中任一元素的概率相同（都为 1/n），因此删除一个元素平均需要移动元素的个数是 [(n－1)＋(n－2)＋…＋(n－i)＋…＋1＋0] / n＝(n－1)/2

4. 填空题：若对线性表进行的操作主要不是插入和删除,则该线性表宜采用_____存储结构;若需频繁地对线性表进行插入和删除操作,则该线性表宜采用_____存储结构。

【答案】　(1)顺序　(2)链接

【解析】　线性表的顺序存储结构是用一组地址连续的存储单元来依次存储线性表的各个数据元素,通常使用数组实现。当对数组进行插入或删除操作时,需要移动插入或删除点的后续所有数据元素的位置,即插入时需将后续元素向后移一个位置,删除时需将后续元素向前移一个位置,因此做插入或删除操作较花费时间。而线性表的链接存储结构(称为线性链表)是用一组任意的存储单元来存储线性表的数据元素,这组存储单元可以是连续的,也可以是不连续的。线性链表是由结点构成的,每个结点包含数据域与指针域,结点通过指针域来连接。当对线性链表进行插入或删除操作时,只要找到插入或删除结点的位置,通过改变结点指针域的值即可完成插入或删除操作,不需移动数据元素,故作插入或删除操作时不太花费时间。因此若需频繁地对线性表进行插入和删除操作,则线性表适宜采用链接存储结构,否则适宜采用顺序存储结构。

5. 应用题：对于线性表的两种存储结构,如果有 n 个线性表同时并存,且在处理过程中各表的长度会动态发生变化,线性表的总数也会发生改变,在此情况下,应选用何种存储结构?请说明理由。

【答案】　应选用链接存储结构。因为链接存储结构的存储空间采用动态分配,存储单元可以连续,也可以不连续,所以可以随时申请结点或释放结点,在进行插入与删除操作时很方便,不需要移动数据元素,只需修改指针。故线性表的长度与总数都会发生变化时宜选用链接存储结构。

【解析】　因为有 n 个线性表同时并存,若选用顺序存储结构,则当某个表需要进行插入或删除操作时有可能要移动多个表的数据元素的位置,而线性表的总数会发生改变则意味着预先很难为每个线性表分配空间,所以不适合选用顺序存储结构。而链接存储结构如前所述,存储空间采用动态分配,可以随时申请结点或释放结点,在进行插入与删除操作或线性表总数发生改变时都不需要移动数据元素,故链接存储结构适合该种情况。

6. 算法设计题：设线性表 A＝$(a_1, a_2, \cdots, a_m)$,B＝$(b_1, b_2, \cdots, b_n)$,试设计一个按下列规则合并 A 和 B 为线性表 C 的算法,即

$C=(a_1, b_1, a_2, b_2, \cdots, a_m, b_m, b_{m+1}, \cdots, b_n)$　当 $m \leqslant n$ 时

或者

$C=(a_1, b_1, a_2, b_2, \cdots, a_n, b_n, a_{n+1}, \cdots, a_m)$　当 $m > n$ 时

线性表以单链表作存储结构,且 C 表需利用原 A 表和 B 表的存储空间构成。说明:线性表的长度 m 和 n 事先未知。

【算法分析】　因为 C 表需利用原 A 表和 B 表的存储空间构成,故只能通过修改原链表中结点指针域的值来构造新表。新表初始时为 A 的第一个结点,然后依次访问表 B 和表 A 的每个结点,先将表 B 结点链接到新表,再将表 A 结点链接到新表,这样依次循环处理直至某个表已处理完毕,这时剩余表的后续结点无需再改变指针域的值,即不需再一一访问。

【算法源代码】

```
typedef  struct node{
    ElemType data;
    struct node * next;
```

```
}LNode;
void merge(LNode * A, LNode * B, LNode * &C)
{
    LNode * p = A, * q = B, * s, * t;
    //p、q指针分别指向表 A 和表 B 的当前元素,s、t 指针分别指向 p、q 的后继
    while (p && q) {
        s = p->next;    //将 B 结点插入到新表
        p->next = q;
        if (s) {    //将 A 结点插入到新表
            t = q->next;
            q->next = s;
        }
        p = s;  q = t;    //p、q两个指针同时后移
    }
    C = A;
}
```

2.4　习　题

2.4.1　选择题

1.线性表是一个 _____ 。

(A)有限序列,可以为空　　　　　(B)有限序列,不能为空

(C)无限序列,可以为空　　　　　(D)无限序列,不能为空

2.线性表中,只有直接前驱而无后继的元素是 _____ 。

(A)尾元素　　　　　　　　　　(B)首元素

(C)全部元素　　　　　　　　　(D)没有这样的元素

3.设线性表 L=(a_1,a_2,…,a_n),下列关于线性表的叙述正确的是 _____ 。

(A)每个元素都有一个直接前驱和一个直接后继

(B)线性表中至少有一个元素

(C)表中元素排列顺序必须按由小到大或由大到小

(D)除第一个和最后一个元素外,其余每个元素都有且只有一个直接前驱和一个直接后继

4.下面关于线性表的叙述中,错误的是 _____ 。

(A)线性表采用顺序存储,必须占用一片连续的存储单元

(B)线性表采用顺序存储,便于进行插入和删除操作

(C)线性表采用链接存储,不必占用一片连续的存储单元

(D)线性表采用链接存储,便于进行插入和删除操作

5.以下关于顺序存储结构的叙述中, _____ 是不正确的。

(A)空间利用率高

(B)逻辑上相邻的结点物理上不必邻接

(C)可以通过计算机直接确定第 i 个结点的存储地址

(D)插入、删除运算操作不方便

6.某线性表采用顺序存储结构,每个元素占 4 个存储单元,首地址为 100,则第 12 个元素的存储地址为_____。

(A)144　　　　　(B)145　　　　　(C)147　　　　　(D)148

7.若长度为 n 的线性表采用顺序存储结构,那么为了删除第 i 个数据元素,需要向前移动_____个数据元素。

(A)n−i　　　　(B)n+i　　　　(C)n−i−1　　　　(D)n−i+1

8.若长度为 n 的线性表采用顺序存储结构,在第 i 个位置插入一个元素,需要依次向后移动_____个元素。

(A)n−i　　　　(B)n+i　　　　(C)n−i−1　　　　(D)n−i+1

9.对线性表,在下列情况下应当采用链表表示的是_____。

(A) 经常需要随机地存取元素

(B) 经常需要进行插入和删除操作

(C) 表中元素需要占据一片连续的存储空间

(D) 表中的元素个数不变

10.如果最常用的操作是取第 i 个结点及前驱,最节省时间的存储方式是_____。

(A) 单向链表　　　　　　　　　　(B)双向链表

(C) 单循环链表　　　　　　　　　(D)顺序表

11.与单链表相比,双链表的优点之一是_____。

(A) 插入、删除操作更加简单

(B) 可随机访问

(C) 可以省略表头指针或表尾指针

(D) 顺序访问相邻结点更加灵活

12.不带表头附加结点的单链表 head 为空的判断条件是_____。

(A) head==NULL　　　　　　　(B) head−>next==NULL

(C) head−>next==head　　　　(D) head！=NULL

13.可以用带表头附加结点的链表表示线性表,也可以用不带表头附加结点的链表表示线性表,前者最主要的好处是_____。

(A)可以加快对表的遍历　　　　(B) 使空表和非空表的处理统一

(C)节省存储空间　　　　　　　(D) 可以提高存取表元素的速度

14.带表头附加结点的双向循环链表 L 为空的条件是_____。

(A) L==NULL　　　　　　　　(B) L−>right==NULL

(C) L−>left==NULL　　　　　(D) L−>right==L

15.单链表的每个结点中包括一个指针域 link,它指向该结点的后继结点,若要将指针 q 指向的新结点插入到指针 p 指向的单链表结点之后,下面的操作序列中_____是正确的。

(A)q=p−>link;　　p−>link=q−>link

(B)p−>link=q−>link;　　q=p−>link

(C)q−>link=p−>link;　　p−>link=q

(D)p－＞link＝q；　q－＞link＝p－＞link

16. 以下关于链式存储结构的叙述中，_____是不正确的。

(A)结点除自身信息外还包括指针域,因此空间利用率小于顺序存储结构

(B)逻辑上相邻的结点物理上不必邻接

(C)可以通过计算直接确定第 i 个结点的存储地址

(D)插入、删除运算操作方便,不必移动结点

17. 在单链表中,指针 p 指向元素为 x 的结点,实现删除 x 的后继的语句是_____。

(A)p＝p－＞next　　　　　　　(B)p－＞next＝p－＞next－＞next

(C)p－＞next＝p　　　　　　　(D)p＝p－＞next－＞next

18. 在表头指针为 head 且表长大于 1 的单向循环链表中,指针 p 指向表中的某个结点,若 p－＞next－＞next＝＝head,则_____。

(A)p 指向头结点　　　　　　　(B)p 指向尾结点

(C)p 的直接后继是头结点　　　(D)p 的直接后继是尾结点

19. 循环链表的主要优点是_____。

(A)不再需要头指针了

(B)已知某个结点的位置后,能够容易找到它的直接前驱

(C)在进行插入、删除运算时,能更好地保证链表不断开

(D)从表中的任意结点出发都能扫描到整个链表

20. 线性链表不具有的特点是_____。

(A)随机访问　　　　　　　　　(B)不必事先估计所需存储空间大小

(C)插入与删除时不必移动元素　(D)所需空间与线性表长度成正比

选择题答案:

1. A　　2. A　　3. D　　4. B　　5. B

6. A　　7. A　　8. D　　9. B　　10. D

11. D　　12. A　　13. B　　14. D　　15. C

16. C　　17. B　　18. D　　19. D　　20. A

2.4.2　填空题

1. 线性表中_____称为表的长度。

2. 对于一个长度为 n 的顺序存储的线性表,在表头插入元素的时间复杂度为_____。在表尾插入元素的时间复杂度为_____。

3. 线性表 L＝(a₁, a₂,…,aₙ)用一维数组表示,假定删除线性表中任一元素的概率相同(都为 1/n),则删除一个元素平均需要移动元素的个数是_____。

4. 在线性表的单向链接存储结构中,每个结点都包含有两个域,一个域叫_____域,另一个域叫做_____域。

5. 访问单链表中的结点,必须沿着_____依次进行。

6. 顺序表中逻辑上相邻的元素的物理位置_____紧邻,单链表中逻辑上相邻的元素的物理位置_____紧邻。

7. 线性表的链式存储结构主要包括单链表、_____和_____三种形式。

8. 在单链表中,要删除某一指定结点,必须先找到该结点的_____。

9.循环单链表与非循环单链表的主要不同是循环单链表的尾结点指针_____,而非循环单链表的尾结点指针_____。

10.在非循环的_____链表中,可以用表尾指针代替表头指针。

11.在一个带表头附加结点的单循环链表中,p 指向尾结点的直接前驱,则指向表头附加结点的指针 head 可用 p 表示为 head=_____。

12.在线性表的单向链接存储中,若一个元素所在结点的地址为 p,则其直接后继结点的地址为_____,若假定 p 为顺序存储结构中数组 a 的一个元素的下标,则其直接后继结点的下标为_____。

13.在双链表中,每个结点有两个指针域,一个指向_____,一个指向_____。

14.在单链表中设置表头附加结点的作用是_____。

15.若对线性表进行的操作主要不是插入和删除,则该线性表宜采用_____存储结构;若需频繁地对线性表进行插入和删除操作,则该线性表宜采用_____存储结构。

填空题答案:

1.数据元素的个数

2.O(n)、O(1)

3.(n-1)/2

4.数据、指针

5.指针方向从前向后

6.必定、不一定

7.双链表、循环链表

8.直接前驱

9.指向头结点、值为 NULL

10.双向

11.p->next->next;

12.p->next、p+1

13.前驱、后继

14.使空表和非空表统一,并使算法处理结点时无需特别关注结点是否为第一个结点。

15.顺序、链接

2.4.3　应用题

1.描述以下三个概念的区别:表头结点、表头附加结点、头指针。

2.线性表的两种存储结构各有哪些优缺点?

3.对于线性表的两种存储结构,若线性表的长度基本稳定,且很少进行插入和删除操作,但要求以最快的速度存取线性表中的元素,应选用何种存储结构?请说明理由。

4.在单向链表和双向链表中,能否从当前结点出发访问任一结点?

应用题答案:

1.表头结点是链表中存储第一个元素的结点;表头附加结点是在表头结点前附设的一个结点;头指针是指向链表中第一个结点的指针。

2.线性表的两种存储结构是指顺序存储结构与链接存储结构。线性表的顺序存储结构无需为表示数据元素之间的关系增加额外空间,空间利用率高,且属于随机存储机制,可以根据元素的位置方便地随机存取表中的任一元素,但插入和删除运算会引起数据元素的大量移动,时间效率较低。线性表的链接存储结构在进行插入和删除运算时不必移动大量的元素,时间效率高,且链表容易扩充与缩小,但需要为指示结点之间的关系而增设指针域,空间单元利用率低,且属于顺序存储机制,在存取元素时不太方便。

3. 应选用顺序存储结构。因为顺序存储结构属于随机存储机制,可以根据元素的位置方便快速地存取线性表中的任一元素,而很少进行插入和删除操作又正好避免了顺序存储结构在进行插入和删除运算时会引起数据元素大量移动的弱点,所以采用顺序存储结构较合适。

4. 在单向链表中每个结点只有一个指向其直接后继的指针域,所以只能由当前结点访问其后的任一结点。而双向链表的每个结点包含两个指针域,分别指向直接前驱和直接后继,所以可以由当前结点访问任一结点。

2.4.4　算法设计题

1. 已知顺序表中的元素以值递增有序排列,试设计一个高效的算法,删除表中所有值大于 min 且小于 max 的元素(若存在这样的元素)。

2. 用顺序存储结构实现将两个有序表 A 和 B 合并成一个新的有序表的高效率算法,要求合并后的结果仍旧存放在 A 中。

3. 已知 A、B 和 C 为 3 个递增有序的线性表,且同一个表中元素值各不相同,现要求对 A 做如下操作:删去那些即在 B 表中出现又在 C 表中出现的元素。试对顺序表编写实现上述操作的算法,并分析你的算法的时间复杂度。

4. 设计一个算法将顺序表逆置(即使得元素排列次序颠倒),要求不能新开辟存储空间。

5. 设计一个算法将单循环链表逆置(即使得元素排列次序颠倒),要求不能新开辟存储空间。

6. 已知指针 ha 和 hb 分别是两个单链表的头指针,试设计一个算法,将这两个链表首尾相连在一起,并形成一个循环链表(即 ha 的最后一个结点链接 hb 的第一个结点,hb 的最后一个结点指向 ha),要求算法在尽可能短的时间内完成运算。

7. 已知指针 ta 和 tb 分别是两个单循环链表的尾指针(即不设头指针而只设尾指针,尾指针指向链表的最后一个结点),试设计一个算法,将这两个单循环链表首尾相连合并成一个循环链表(即 ta 的最后一个结点链接 tb 的第一个结点),并返回该循环链表的尾指针。要求算法在尽可能短的时间内完成运算。

8. 已知线性表中的元素以值递增有序排列,并以单链表作存储结构。试设计一个高效的算法,删除表中所有值大于 min 且小于 max 的元素(若存在这样的元素),同时释放被删结点空间。

9. 已知线性表中的元素以值递增有序排列,并以单链表作存储结构。试设计一个高效的算法,删除表中所有值相同的元素,同时释放被删结点空间。

10. 假设有两个按元素值递增有序排列的线性表 A 和 B,均以单链表作存储结构,请设计一个算法将 A 表和 B 表归并成一个按元素递减有序排列的线性表 C,要求利用原 A 表和 B 表的存储空间。

11. 设有一个双向循环链表,每个结点中除有 left、data 和 right 三个域外,还增设了一个访问频度域 freq,freq 的初值为零。每当链表进行一次查找操作后,被访问结点的频度域值便增 1,同时调整链表中结点的次序,使链表按结点频度值非递增有序的次序排列。试编写符合上述要求的查找算法。

算法设计题答案：

1.【算法分析】

(1)首先找到满足删除条件的元素的位置，即找到要删除的第一个元素及最后一个元素的位置，置 d 为要删除的元素个数。

(2)若 d≠0，则把最后一个要删除的元素的后继元素全都向前移 d 个位置。

【算法源代码】

```
typedef struct {
    ElemType * list;
    int size;
    int MaxSize;
}SeqList;
void deleteval(SeqList &L, ElemType min, ElemType max)
{   //首先找出要删除的元素位置(从 i 到 j-1),然后删除
    int i = 0, j, k, d;
    while (i<L.size && L.list[i]< = min )
        i++ ;
    j = i;
    while (j<L.size && L.list[j]<max)
        j++ ;
    d = j - i;
    if( d == 0)   return;
    for (k = j; k<L.size; k++)    L.list[k-d] = L.list[k];
    L.size = L.size - d;
}
```

2.【算法分析】

合并可以从后到前进行，先把最大的元素放到合并后的 A 的最后一个位置上，然后从后到前放，即从 A 和 B 的最后一个元素逐个向前进行元素值比较，把较大的元素放到 A 的尾部。这样可以使得合并后的结果不影响 A 中原来存放的元素。

【算法源代码】

```
typedef struct {
    ElemType * list;
    int size;
    int MaxSize;
}SeqList;
void merge(SeqList &A, SeqList B)
{
    int i = A.size - 1,   j = B.size - 1,   k = A.size + B.size - 1;
    //i, j, k 分别指向 A, B 及新表的最后一个元素的位置
    while (j> = 0 ) {
        if( i<0 || A.list[i]<B.list[j] ) {
            A.list[k] = B.list[j];
```

```
            k-- ;
            j-- ;
        }
        else {
            A.list[k] = A.list[i];
            k-- ;
            i-- ;
        }
    }
    A.size = A.size + B.size;
}
```

3.【算法分析】

先从 C 和 B 中找出共有元素,记为 same,再从 A 中当前位置开始向后查找 same,若找到等于 same 的则删除,若找到大于 same 的,则停止查找。这个过程不断进行,直到某个表已检查完最后一个元素为止。

【算法源代码】

```
typedef struct {
    ElemType * list;
    int size;
    int MaxSize;
}SeqList;
void deletesame(SeqList &A, SeqList B, SeqList C)
{
    int i = 0, j = 0, k = 0, m;
    ElemType same;
    while (i<A.size && j<B.size && k<C.size) {
        //i,j,k 分别指向 A,B 及 C 当前需进行比较的元素的位置
        if   (C.list[k] < B.list[j])
            k++ ;
        else if (C.list[k] > B.list[j])
            j++ ;
        else { //C 和 B 的元素相同,则在 A 中查找并删除
            same = B.list[j];   k++ ;   j++ ;
            while (i< A.size && A.list[i]<same)
                i++ ;
            if (i< A.size && A.list[i] = same) {
                m = i + 1;
                while (m< A.size)   {
                    A.list[m - 1] = A.list[m];
                    m++ ;
                }
                A.size-- ;
            }
```

```
        }
      }
    }
```

4.【算法分析】

把顺序表的第一个元素与最后一个元素交换,第二个元素与倒数第二个元素交换,……,直到交换到中间位置的元素为止。

【算法源代码】

```
typedef struct {
    ElemType * list;
    int size;
    int MaxSize;
}SeqList;
void reverse (SeqList &L)
{
    int i, j;
    ElemType   temp;
    for (i = 0, j = L. sise - 1; i<j; i++ , j-- ) {
        temp = L. list[i];
        L. list[i] = L. list[j];
        L. list[j] = temp;
    }
}
```

5.【算法分析】

当循环链表非空时,从前向后遍历链表,在遍历过程中,让 p、q、r 分别指向相邻的三个结点,p 是 q 的前驱,q 是 r 的前驱,每次逆置一个结点,即使 q 链接到 p(q 的后继是 p),然后 p、q、r 分别向后移一个位置。最后链接成循环并修改头指针。

【算法源代码】

```
typedef  struct node{
    ElemType data;
    struct node * next;
}LNode;
void reverse(LNode * &h)
{
    LNode * p, * q, * r;
    if (h == NULL) return;
    p = h;
    q = h - >next;
    while (q ! = h )
    {
        r = q - >next;
        q - >next = p;
        p = q;
```

```
            q = r;
        }
    h - >next = p;
    h = p;
}
```

6.【算法分析】

(1)找到 ha 表的最后一个结点,与 hb 表的第一个结点相连。

(2)找到 hb 表的最后一个结点,与 ha 表的第一个结点相连。

【算法源代码】

```
typedef   struct node{
    ElemType data;
    struct node * next;
}LNode;
LNode * merge(LNode * ha, LNode * hb)
{
    LNode * p = ha;
    if (ha == NULL || hb == NULL) {
        cout<<"one or two link lists are empty!"<<endl;
        return NULL;
    }
    while( p - >next ! = NULL )
        p = p - >next;
    p - >next = hb;
    while( p - >next ! = NULL )
        p = p - >next;
    p - >next = ha;
    return ha;
}
```

7.【算法分析】

(1)直接将 ta 表的最后一个结点与 tb 表的第一个结点相连。

(2)直接将 tb 表的最后一个结点与 ta 表的第一个结点相连。

【算法源代码】

```
typedef   struct node{
    ElemType data;
    struct node * next;
}LNode;
LNode * mergecycle(LNode * ta, LNode * tb)
{
    LNode * head;
    if (ta == NULL || tb == NULL) {
        cout<<"one or two link lists are empty!"<<endl;
        return NULL;
```

```
    }
    head = ta - >next;
    ta - >next = tb - >next;
    tb - >next = head;
    return tb;
}
```

8.【算法分析】

(1)查找满足删除条件的第一个结点,使 p 指向该结点,q 指向 p 的前驱。

(2)逐一删除满足删除条件的结点,对删除表头结点与非表头结点需分别处理。

【算法源代码】

```
typedef   struct node{
    ElemType data;
    struct node * next;
}LNode;
void deleteval(LNode * &h, ElemType min, ElemType max)
{
    LNode * p = h, * q = NULL;
    while (p ! = NULL && p - >data< = min ) {
        q = p;
        p = p - >next;
    }
    while (p ! = NULL && p - >data<max ) {
        if (p == h) {   //删除表头结点
            h = p - >next;
            delete p;
            p = h;
        }
        else {   //删除非表头结点
            q - >next = p - >next;
            delete p;
            p = q - >next;
        }
    }
}
```

9.【算法分析】

从前向后遍历链表,在遍历过程中,让 p、q 分别指向相邻的两个结点。若相邻两元素值不相等,则 p、q 分别向后移一个位置;否则删除多余元素。

【算法源代码】

```
typedef   struct node{
    ElemType data;
    struct node * next;
}LNode;
```

```
void delete_equal(LNode * h)
{
    LNode * p = h, * q, * r;
    if (h == NULL)  return;
    while (p->next != NULL) {
        q = p->next;
        if (p->data != q->data)   //相邻两元素值不相等,则 p 向后移一个位置
            p = q;
        else {   //相邻两元素值相等,则循环删除 p 的后继等值结点
            while (q != NULL && q->data == p->data) {
                r = q;
                q = q->next;
                delete r;
            }
            p->next = q;
        }
    }
}
```

10.【算法分析】

当表 A 和表 B 均未处理完时,按从小到大的顺序依次把 A 和 B 中的元素插入到新表头部 pc 处。然后处理表 A 或表 B 的剩余元素。

【算法源代码】

```
typedef   struct node{
    ElemType data;
    struct node * next;
}LNode;
void reverse_merge(LNode * A, LNode * B, LNode * &C)
{
    LNode * pa = A, * pb = B, * pc = NULL, * q;
    while (pa && pb) {   //当表 A 和表 B 均有元素时
        if (pa->data < pb->data) {   //将值较小的表 A 元素插入到新表头部
            q = pa->next;
            pa->next = pc;
            pc = pa;
            pa = q;
        }
        else {   //将值较小的表 B 元素插入到新表头部
            q = pb->next;
            pb->next = pc;
            pc = pb;
            pb = q;
        }
    }
```

```
    while (pa) {    //将剩余的表 A 元素依次插入到新表头部
        q = pa - >next;
        pa - >next = pc;
        pc = pa;
        pa = q;
    }
    while (pb) {    //将剩余的表 B 元素依次插入到新表头部
        q = pb - >next;
        pb - >next = pc;
        pc = pb;
        pb = q;
    }
    C = pc;
}
```

11.【算法分析】

(1)在双向链表中查找数据为 x 的结点,由 p 指针指向它。若找不到返回 NULL。

(2)修改 p 结点的频度域,并顺着 p 结点的前驱链找插入位置,由 q 指向该位置,即使得 q 的访问频度大于 p 的访问频度。

(3)若 q 不是 p 的直接前驱,则先把 p 结点从链上摘下来,再根据情况或者将 p 插入到 q 的后面或者将 p 插入到表头前作为新的表头结点。

【算法源代码】

```
typedef struct Node{
    ElemType   data;           // 存放数据元素信息
    struct Node * left;        // 存放直接前驱结点的地址
    struct Node * right;       // 存放直接后继结点的地址
    int freq;                  // 存放访问频度
} DNode;
DNode * locate_DList(DNode * &L, ElemType x)
{ //在 L 表中查找元素 x,查找成功则调整结点频度域值及结点位置,返回结点地址,
  //查找不成功则返回 NULL
    DNode * p = L, * q;
    if (L == NULL)
        return NULL;
    while (p - >data ! = x && p - >right ! = L)
        p = p - >right;
    if (p - >data ! = x)   //查找不成功返回 NULL
        return NULL;
    p - >freq ++ ;
    q = p - >left;
    while (q ! = L && q - >freq< = p - >freq)   //查找插入位置
        q = q - >left;
    if (q ! = p - >left) {   //q 不是 p 的前驱,则需调整结点位置
        p - >left - >right = p - >right;   //将结点从链表中先摘下来
```

```
            p->right->left = p->left;
            if (q->freq>p->freq){    //将 p 结点插在 q 结点后
                p->left = q;
                p->right = q->right;
                q->right->left = p;
                q->right = p;
            }
            else{    //将 p 结点插在头结点 L 前
                p->right = L;
                p->left = L->left;
                L->left->right = p;
                L->left = p;
                L = p;
            }
        }
    return p;
}
```

第3章 栈和队列

3.1 知识点概述

3.1.1 栈

1. 栈的定义和抽象数据类型

栈又称堆栈,是一种操作受限制的线性表,只允许在表的固定一端(表尾)进行插入或删除。对栈进行运算的一端称为栈顶,栈顶的第 1 个元素称为栈顶元素,相对的,把另一端称为栈底。向一个栈插入新元素称为进栈或入栈,它是把该元素放到栈顶元素的上面,使之成为新的栈顶元素;从一个栈删除元素称为出栈或退栈,栈操作的主要特点是后进先出,如图 3.1 所示。

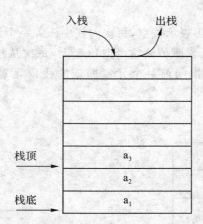

图 3.1 入栈与出栈示意图

栈的抽象数据类型的定义如下:

```
ADT   STACK is
    Data: n(n> = 0) 个相同类型数据元素 a1, a2, …, an
                    构成的有限序列。用类型名 StackType 表示。
    Operation::
        void InitStack (StackType &S);   //构造一个空栈 S
        int EmptyStack (StackType S);    //若栈 S 为空栈返回 1,否则返回 0
        void Push(StackType &S, ElemType item);    //元素 item 进栈
        ElemType Pop(StackType &S);     //栈 S 的栈顶元素出栈并返回
```

```
        ElemType Peek(StackType  S);    //取栈 S 的当前栈顶元素并返回
        void ClearStack (StackType &S);  //清除栈 s,使成为空栈
End STACK
```

2. 栈的顺序存储表示

栈的存储结构主要有两种,即顺序存储和链式存储。

通常把顺序存储结构的堆栈称为顺序栈。顺序栈需要使用一个数组和一个整型变量来实现。利用数组来顺序存储栈中的所有元素,利用整型变量来存储栈顶元素的下标位置。

顺序栈的存储结构类型定义可描述为:

```
typedef  struct
{
    ElemType   stack[MaxSize];
    int  top;        //top 为栈顶指针,表示栈顶元素的位置
} Stack;
```

若要对存储栈的数组空间采用动态分配,类型定义可表示为:

```
typedef  struct
{
    ElemType  * stack;
    int  top;        //top 为栈顶指针,表示栈顶元素的位置
    int  MaxSize;
} Stack;
```

在顺序栈中,top 的值为-1表示栈空,每次向栈中压入一个元素时,首先使 top 增 1,用以指向新的栈顶位置,然后再把元素赋值到这个空位置上,每次从栈中弹出一个元素时,首先取出栈顶元素,然后使 top 减 1,指向前一个元素即新的栈顶元素,栈的操作如图 3.2、图 3.3 所示。

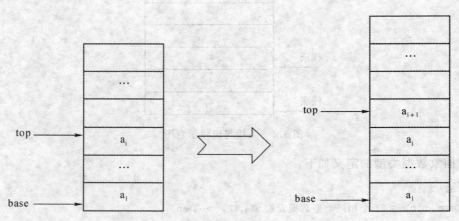

图 3.2　入栈示意图

3. 栈的链式存储表示

栈的链式存储结构是通过由结点构成的单链表实现的,此时表头指针被称为栈顶指针,由栈顶指针指向的表头结点称为栈顶结点,整个单链表称为链栈。当向一个链栈插入元素时,是把该元素插入到栈顶,使该元素结点的指针域指向原来的栈顶结点,而栈顶指针则指向该元素

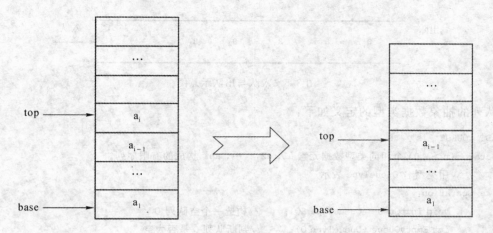

图 3.3 出栈示意图

结点,使该结点成为新的栈顶结点。当从一个链栈中删除元素时,是把栈顶元素结点删除掉,即取出栈顶元素后,使栈顶指针指向原栈顶指针的指针域指向的结点。

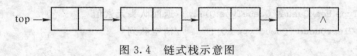

图 3.4 链式栈示意图

链栈的结点类型可定义如下:

```
typedef struct node
{   ElemType    data;
    struct node  * next;
} LNode;
```

3.1.2 队列

1. 队列的定义和抽象数据类型

在实际问题中还经常使用一种"先进先出"(FIFO———First In First Out)的数据结构:即插入在表一端进行,而删除在表的另一端进行,我们将这种数据结构称为队或队列,把允许插入的一端叫队尾(rear),把允许删除的一端叫队头(front)。图 3.5 为队列的示意图。

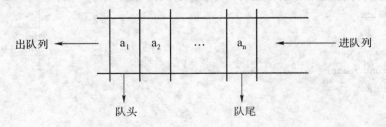

图 3.5 队列示意图

如图 3.6 所示是一个有 5 个元素的队列。入队的顺序依次为 a_1、a_2、a_3、a_4、a_5,出队时的顺序将依然是 a_1、a_2、a_3、a_4、a_5。

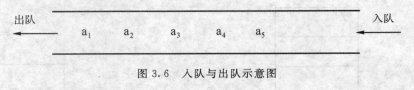

图 3.6　入队与出队示意图

队列的抽象数据类型的定义如下：

```
ADT  QUEUE  is
Data：n（n＞＝0）个相同类型数据元素 a1, a2, …, an  构成的有限序列。
      用类型名 QueueType 表示。
    Operation：
        void InitQueue (QueueType &Q);      //构造一个空队列 Q
        int EmptyQueue (QueueType Q);        //判断队列 Q 是否为空
        void EnQueue (QueueType &Q, ElemType item);
                    //元素 item 进队列 Q,成为队尾元素
        ElemType OutQueue (QueueType &Q);
                    //队头元素出队列 Q,并返回其值
        ElemType PeekQueue (QueueType Q);   //返回队头元素值
        void ClearQueue (QueueType &Q);      //清空队列
End QUEUE
```

2. 队列的顺序存储表示

队列的存储结构主要有两种,即顺序存储和链式存储。

顺序存储结构的队列称为顺序队列。队列的顺序存储结构就是利用一组地址连续的存储单元依次存放队列中的数据元素,同时设立 front 和 rear 作为队头和队尾指针,分别指向队头元素的前一个位置和队尾元素的位置。

队列的顺序存储结构描述：

```
typedef  struct
{
    ElemType  queue[MaxSize];
    int  front, rear;
} Queue;
```

若要对存储队列的数组空间采用动态分配,类型定义可表示为：

```
typedef  struct
{
    ElemType  * queue;
    int  front, rear;
    int MaxSize;
} Queue;
```

在顺序队列中,当 rear ＝front 时表示队空,每次向队中进队一个元素时,首先使队尾指针后移 1 个位置,然后再向该位置写入新的元素。当队尾指针指向数组空间的最后一个位置 MaxSize－1 时,若队首元素的前面仍存在空闲的位置,则表明队列未占满整个数组空间,下一个存储位置应该是下标为 0 的空闲位置,因此,首先要使队尾指针指向下标为 0 的位置,然后

再向该位置写入新元素。通过表达式赋值 rear＝(rear＋1)％MaxSize 可使存储队列的整个数组空间变成首尾相接的一个环,所以顺序存储的队列又称为循环队列。

每次从队列中删除一个元素时,若队列非空,则首先把队首指针后移,使之指向队首元素,然后再返回该元素的值。使队首指针后移也必须采用取模运算,该计算表达式为 front＝(front＋1)％MaxSize,这样才能够实现存储空间的首尾相接。

具体操作如图 3.7 所示。

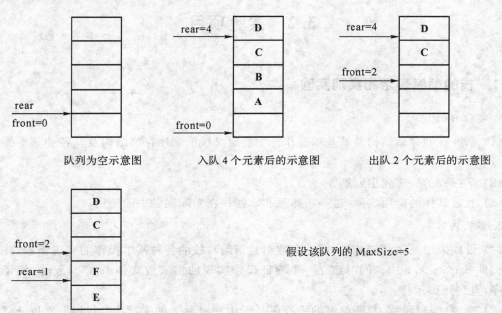

队列为空示意图　　　　入队 4 个元素后的示意图　　　　出队 2 个元素后的示意图

入队 2 个元素后队满示意图

假设该队列的 MaxSize=5

图 3.7　顺序存储循环队列入队和出队示意图

3. 队列的链式存储表示

队列的链式存储结构是通过由结点构成的单链表实现的,利用单链表来作为队列的存储结构,第一个结点作为队头,最后一个结点作为队尾。为了操作上的方便,设置 front 指针与 rear 指针分别指向队头与队尾。如图 3.8 所示。

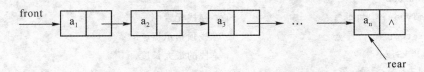

图 3.8　链式队列示意图

头指针 front 和尾指针 rear 是两个独立的指针变量,从结构性上考虑,通常将二者封装在一个结构中。

队列的结点类型可定义如下:

```
typedef  struct  node {
    ElemType  data;
    struct node  * next;
```

```
} LNode;
typedef  struct {
    LNode  * front;
    LNode  * rear;
} LinkQueue;
```

3.2   实验项目

3.2.1   栈的顺序表示和实现实验

1. 实验目的

（1）掌握栈的存储结构及其基本操作。学会定义栈的顺序存储结构及其各种基本操作的实现。

（2）掌握栈的后进先出原则。

（3）通过具体的应用实例,进一步熟悉和掌握栈在实际问题中的运用。

2. 实验内容

（1）设栈采用顺序存储结构（用动态数组）,请编写栈的各种基本操作的实现函数,并存放在头文件 SeqStack.h 中。同时建立一个验证操作实现的主函数文件 test3_1.cpp,编译并调试程序,直到正确运行。

（2）选做:编写函数,判断给定的字符串是否中心对称。如字符串"abcba"、"abccba"均为中心对称,字符串"abcdba"不中心对称。要求利用 SeqStack.h 中已实现的有关栈的基本操作函数来实现。请把该函数添加到文件 test3_1.cpp 中的主函数前,并在主函数中添加相应语句进行测试。

（3）填写实验报告。

3. 实验提示

（1）栈的顺序存储结构可定义如下:

```
typedef struct
    ElemType  * stack ;           // 存栈元素
    int  top;                     // 栈顶指示器
    int MaxSize;                  // 栈的最大长度
} Stack;
```

（2）栈的基本操作可包括:

① void InitStack (Stack &S);   //构造一个空栈 S

② int EmptyStack (Stack S);   //若栈 S 为空栈返回 1,否则返回 0

③ void Push(Stack &S, ElemType item);   //元素 item 进栈

④ ElemType Pop(Stack &S);   //栈 S 的栈顶元素出栈并返回

⑤ ElemType Peek(Stack S);   //取栈 S 的当前栈顶元素并返回

⑥ void ClearStack (Stack &S);   //清除栈 s,使成为空栈

（3）判断给定字符串是否中心对称的函数原型可表示为：

int IsReverse(char ＊s)　　　//判断字符串 S 是否中心对称,是返回 1,否则返回 0

3.2.2　队列(循环队列)的表示和实现实验

1. 实验目的

（1）掌握队列的存储结构及基本操作。

（2）掌握循环队列的设置及循环队列的各种基本操作的实现。

（3）通过具体的应用实例,进一步熟悉和掌握队列的实际应用。

2. 实验内容

（1）建立头文件 SeqQueue.h,定义顺序存储的循环队列存储结构,并编写循环队列的各种基本操作实现函数。同时建立一个验证操作实现的主函数文件 test3_2.cpp,编译并调试程序,直到正确运行。

（2）选做:编写程序,实现舞伴问题。假设在周末舞会上,男士们和女士们进入舞厅时,各自排成一队,跳舞开始时,依次从男队和女队的队头上各出一人配成舞伴,若两队初始人数不相同,则较长的那一队中未配对者等待下一轮舞曲。要求设计一个函数 void partner(),模拟上述舞伴配对问题。

基本要求:

1)由键盘输入数据,每对数据包括姓名和性别;

2)输出结果包括配成舞伴的女士和男士的姓名,以及未配对者的队伍名称和队头者的姓名;

3)要求利用 SeqQueue.h 中已实现的顺序循环队列的基本操作函数来实现。函数 void partner() 添加到文件 test3_2.cpp 中,在主函数中进行调用测试。

（3）填写实验报告。

3. 实验提示

（1）队列的基本操作可包括:

① void InitQueue (Queue &Q);　　//构造一个空队列 Q

② int EmptyQueue (Queue Q);　　//判断队列 Q 是否为空,若空返回 1,否则返回 0

③ void EnQueue (Queue &Q, ElemType item);　　//元素 item 进队列 Q

④ ElemType OutQueue (Queue &Q);　　//队头元素出队列 Q,并返回其值

⑤ ElemType PeekQueue (Queue Q);　　//返回队头元素值

⑥ void ClearQueue (Queue &Q);　　　//清空队列

（2）舞伴问题的测试数据样例:

请输入跳舞者的姓名和性别(以"♯　♯"结束):

a　F

b　M

c　F

d　M

e　F

f　M

```
g    M
h    F
i    M
j    M
#    #
```
配对的舞伴是：

a   b

c   d

e   f

h   g

男队还有人等待下一轮舞曲。

i 将是下一轮得到舞伴的第一人。

3.2.3　栈与队列的应用实验

1. 实验目的

(1) 学会通过对问题的分析，设计一种合理的数据结构，并进行定义及操作的实现。

(2) 掌握利用栈和队列的各种操作来进行具体的实际应用。

(3) 加强综合程序的分析、设计能力。

2. 实验内容

(1) 请编制程序模拟停车场管理。停车场管理问题描述如下：

设有一个可以停放 n 辆汽车的狭长停车场，它只有一个大门可以供车辆进出。车辆按到达停车场时间的先后次序依次从停车场最里面向大门口处停放（即最先到达的第一辆车停放在停车场的最里面）。如果停车场已放满 n 辆车，则以后到达的车辆只能在停车场大门外的便道上等待，一旦停车场内有车开走，则排在便道上的第一辆车可以进入停车场。停车场内如有某辆车要开走，则在它之后进入停车场的车都必须先退出停车场为它让路，待其开出停车场后，这些车辆再依原来的次序进场。每辆车在离开停车场时，都应根据它在停车场内停留的时间长短交费，停留在便道上的车不收停车费。

要求：

①以顺序栈模拟停车场，以链队列模拟停车场外的便道，另设一个顺序栈，临时停放为给要离开的汽车让路而从停车场退出来的汽车。

②按从终端读入的数据序列进行管理。每一组输入数据包括三个数据项：汽车到达或离开的信息、汽车牌照号码、汽车到达或离开的时刻。如：('A', 1, 5)，('A', 2, 10)，('D', 1, 15)，…，('E', 0, 0)。其中 'A' 表示到达，'D' 表示离去，'E' 表示结束。输出数据为：若有车辆到达，则输出该汽车的停车位置；若有车辆离开，则输出该汽车在停车场内停留的时间和应交纳的费用。

③建立头文件 SeqStack. h 和 LinkQueue. h，分别包含顺序栈和链队列的基本操作实现函数，建立主程序文件 test3_3.cpp，在主函数中通过调用栈和队列的基本操作函数来实现上述功能。

(2) 填写实验报告。

3. 实验提示

(1) 栈与队列中的每个元素表示一辆汽车，包含两个数据项：汽车牌照号码和进入停车场的时间。即在 test3_3.cpp 中可定义元素类型如下：

```
typedef struct
{
    int num;          //汽车牌照号码
    int time;         //进入停车场的时刻
} ElemType;           //栈与队列中元素的数据类型
```

（2）主函数框架可参考如下：

```
void main()
{
    ElemType  x, y;
    char flag;
    ……
    cout<<"请输入车辆情况(A：到达   D：离开   E：结束),车牌号码,时间";
    cout<<endl;
    cin>>flag>>x.num>>x.time;
    while (flag != 'E') {
        if (flag == 'A')
            ……              //进栈或进队列,并输出汽车的停车位置
        else if (flag == 'D')
            ……              //出栈,并输出在车场内停留的时间和应交纳的费用
                            //若队列非空,则队头元素出队列(便道)并入栈(停车场)
        else
            ……              //打印出错信息,提示重新输入
        cout<<"请输入车辆情况(A：到达   D：离开   E：结束),车牌号码,时间";
        cin>>flag>>x.num>>x.time;
    }
}
```

3.3　习题范例解析

1.选择题：实现递归调用属于_____的应用。

（A）二叉树　　　　（B）数组　　　　（C）栈　　　　　　（D）队列

【答案】　C

【解析】　栈是一种应用范围广泛的数据结构,适用于各种具有"后进先出"特性的问题。递归是一个重要的概念,同时也是一种重要的程序设计方法。简单地说,如果在一个函数或数据结构的定义中又应用了它自身,那么这个函数或数据结构称为是递归定义的,简称递归的。应用栈与递归之间的关系,可以解决很多实际问题,如计算一个数的阶乘。

2.选择题：假定利用数组 a[N]顺序存储一个栈,用 top 表示栈顶指针,top == -1 表示栈空,并已知栈未满,当元素 x 进栈时所执行的操作为_____。

（A）a[--top]=x　　　　　　　　　　（B）a[top--]=x

(C)a[＋＋top]＝x　　　　　　　　　　(D)a[top＋＋]＝x

【答案】　C

【解析】　由本题条件 top 表示栈顶指针,top ＝＝－1 表示栈空,可知,该数组将栈底放在下标小的那端,在执行进栈操作时栈顶指针 top 的值应增加。因此,排除选项 A、选项 B。进栈运算的操作步骤是:首先将栈顶下标加 1,然后将入栈元素放入到新的栈顶下标所指的位置上。所以,选项 C 正确。

3.选择题:在由 n 个元素组成的顺序存储的循环队列 sq 中,假定 f 和 r 分别为队头指针和队尾指针,则判断队满的条件是＿＿＿＿＿＿＿。

(A)f ＝＝(r＋1)％n　　　　　　　　　(B)(r－1)％n＝＝f

(C)f ＝＝ r　　　　　　　　　　　　(D)(f＋1)％n ＝＝f

【答案】　A

【解析】　在由 n 个元素组成的循环队列中,因为出队和入队分别要将头指针 f 和尾指针 r 在循环意义下加 1,所以某一元素出队后,若头指针已从后面追上尾指针,即 f＝＝r,则当前队列为空;若某一元素入队后,尾指针已从后面追上头指针,即 r＝＝f,则当前队列为满。可见,仅凭等式 r＝＝f 是无法区别循环队列是空还是满。为了区分对空、队满的条件,采用下面的方法:入队前,测试尾指针在循环意义下加 1 后是否等于头指针,若相等则认为是队满,即判别队满的条件是:(r＋1)％MaxSize＝＝f。从而也保证了 r＝＝f 是对空的判别条件。注意:队满条件使得循环队列中,始终有一个元素的空间(即队头指针指示的结点)是空的,即有 n 个单元组成的循环队列只能表示长度不超过 n－1 的队列。

4.选择题:在一个链队中,假定 front 和 rear 分别为队头指针和队尾指针,则出队时应执行＿＿＿＿＿＿＿ 操作。

(A)rear＝rear－＞next　　　　　　　(B)rear＝front－＞next

(C)front＝front－＞next　　　　　　(D)front＝rear－＞next

【答案】　C

【解析】　链队是队列的链接实现,它实际上是一个同时带有头指针和尾指针的单链表。头指针指向队头结点,尾指针指向队尾结点即单链表的最后一个结点。出队操作是在队头进行的,所以更改队头指针 front＝front－＞next。

5.填空题:用数组 A[0…m－1]来存放循环队列的元素,且它的头尾指针分别为 front 和 rear,队列满足条件(sq.rear＋1)％ m ＝＝sq.front 队列中当前元素的个数为＿＿＿＿＿＿＿。

【答案】　m－1

【解析】　当(sq.rear＋1)％ m ＝＝ sq.front 时,队列为满队,又因为循环队列中队头指针指示的结点不用于存储队列元素,因此,当前队列中元素个数为 m－1。

6.填空题:带头结点的链队列 lq,队首和队尾指针分别为 front 和 rear,判定队列中只有一个数据元素的条件是 lq－＞＿＿＿(1)＿＿＿－＞＿＿＿(2)＿＿＿＿＝＝lq－＞＿＿＿(3)＿＿＿。

【答案】　(1)front　(2)next　(3)rear

【解析】　在带头结点的链队列 lq 中,队首指针 front 是指向头结点的,头结点的链域指向队列的第一个结点,当只含一个结点时,队尾指针也应该指向队列的第一个结点。由此可得出判定队列只有一个数据元素的条件。

7.应用题:对于一个栈,给出输入序列 abc,试写出全部可能的输出序列。

【解析】　因为栈是受限制在栈顶输入或输出,而且有"先进后出"的特点,所以有如下几种情况：

　　a 进 a 出 b 进 b 出 c 进 c 出 产生输出序列为 abc；

　　a 进 a 出 b 进 c 进 c 出 b 出 产生输出序列为 acb；

　　a 进 b 进 b 出 a 出 c 进 c 出 产生输出序列为 bac；

　　a 进 b 进 b 出 c 进 c 出 a 出 产生输出序列为 bca；

　　a 进 b 进 c 进 c 出 b 出 a 出 产生输出序列为 cba；

　　不可能产生输出序列 cab。

8. 应用题：假设 TestQueue 是一个用数组（长度为 11）实现的循环队列，初始状态 front＝rear＝1，画出做完下列操作后队列的头尾指针的状态变化情况，若不能入队，请指出元素，并说明原因。

　　D,E,B,G,H 入队

　　D,E 出队

　　I,J,K,L,M 入队

　　B 出队

　　N,O,P,Q,R 入队

【解析】　入队与出队的队列变化如图 3.9 所示，当元素 D,E,B,G,H 入队后，rear＝6，front＝1；元素 D,E 出队，rear＝6，front＝3；元素 I,J,K,L,M 入队，rear＝0，front＝3；元素 B 出队后，rear＝0，front＝4，此时再让元素 N,O,P 入队，当 Q 入队时，由于 rear＝3，front＝4，有 rear＋1＝front，因此不能入队。

9. 算法设计题：下面给出计算 n！的递归函数，请利用栈来模拟递归调用，将递归过程改写成一个非递归过程。

```
double factor(int n)
{
    if (n == 1||n == 0)
        return 1;
    else
        return n * factor(n-1);
}
```

【算法分析】　利用栈来模拟递归调用，可以将递归过程改写成一个非递归的过程。方法是使用栈来保存中间结果，一般根据递归函数在执行过程中栈的变化得到，其一般过程如下：

```
初始状态 S0 进栈
while(栈不为空)
{
    退栈,将栈顶元素赋予 s;
    if（s 是要找的结果）返回;
    else {
        寻找到 s 的相关状态 s1;
        将 s1 进栈
    }
}
```

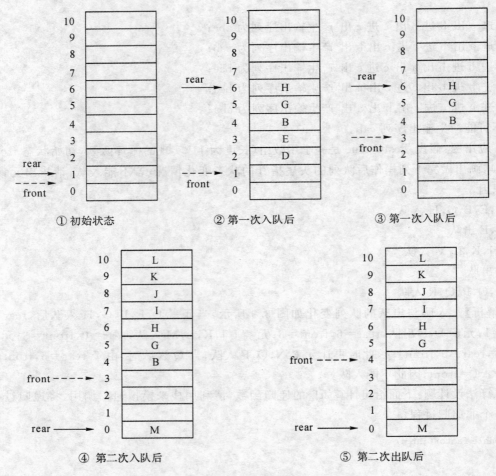

图 3.9　队列变化图

利用栈来模拟递归调用的过程：假设要计算 factor(3) 的值，其过程如图 3.10 所示。图中表示每次进栈与出栈的过程，

```
typedef struct
{
    double res;
    int current_n;
    int flag;
}ElemType;
```

成员 res 记录 factor(n) 的值；成员 current_n 表示当前 n 的值。成员 flag 有三种状态：准备计算、正在计算和已经完成计算，分别用值 0、1 和 3 表示。

【算法源代码】

```
double fact(int n)
{
    Stack s;
    ElemType t1;
```

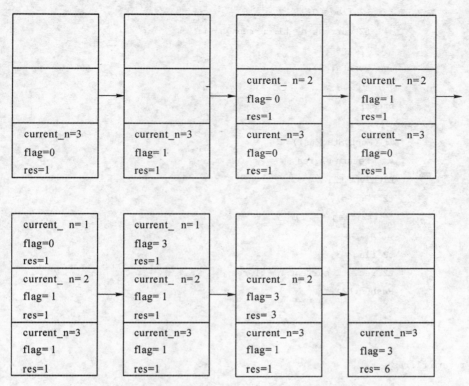

图 3.10　栈内容变化图

```
t1.res = 1;
t1.current_n = n;
t1.flag = 0;
InitStack(s);
Push(s,t1);
while(! EmptyStack(s))
{
    t1 = Pop(s);
    switch(t1.flag)
    {
        case 0:
        if (t1.current_n <= 1)
            {
                t1.res = 1;
                t1.flag = 3;
                Push(s,t1);
            }
            else
            {
                t1.flag = 1;
                Push(s,t1);
                ElemType t2;
```

```
                    t2.flag = 0;
                    t2.current_n = t1.current_n - 1;
                    t2.res = 1;
                    Push(s,t2);
                }
                break;
        case 3:
                if (EmptyStack(s))
                    return t1.res;
                ElemType t2;
                t2 = Pop(s);
                if (t2.flag == 1)
                {
                    t2.flag = 3;
                    t2.res = t2.current_n * t1.res;
                    Push(s,t2);
                }
            }
        }
    return t1.res;
}
```

10.算法设计题:假设用一个循环单链表表示队列(称为循环链队列),该队列只设一个指向队尾结点的指针 rear,不设队首指针,请编写相应的入队和出队算法。该循环链队列的类型定义如下:

```
typedef struct queuenode{
    ElemType data;
    struct queuenode * next;
}Queue;
Queue * rear;
```

【算法分析】 (1)在队列中插入一个结点操作是在队尾进行的,所以应在该循环链队列的尾部插入一个结点,插入的过程应该是:首先生成一个新结点 newptr,因为该链表带附加表头结点,所以队列是否为空与否对插入没有影响,插入操作是简单的;将队尾结点的指针域赋给新结点的指针域(即 newptr—>next=rear—>next);把新结点 newptr 赋给原尾结点的指针域(即 rear—>next=newptr);再把 newptr 赋给 rear(即 rear=newptr)。

(2)在队列中删除一个结点,首先要判断队列是否为空,若该队列不为空,则可进行删除操作,否则显示出错。删除的思想是将原队首结点删除,把原队中的第二个结点作为新的队首结点。

【算法源代码】

入队算法如下:

```
void EnQueue(Queue * &rear,ElemType x)
{
```

```
    Queue * newptr;
    newptr = (Queue * )malloc(sizeof(Queue));
    newptr - >data = x;
    if (rear == NULL)
        rear = newptr - >next = newptr;
    else
    {
        newptr - >next = rear - >next;
        rear - >next = newptr;
        rear = newptr;
    }
}
```

出队算法如下:

```
ElemType OutQueue(Queue * &rear)
{
    Queue * p;
    ElemType x;
    if (rear == NULL){
        cout << "Empty Queue" << endl;
        exit(1);
    }
    p = rear - >next;
    if (p == rear)
        rear = NULL;
    else
        rear - >next = p - >next;
    x = p - >data;
    free(q);
    return x;
.}
}
```

3.4 习　题

3.4.1　选择题

1. 以下不是栈的基本运算的是 _____ 。

（A）删除栈顶元素　　　　　　　（B）删除栈底元素

（C）判断栈是否为空　　　　　　（D）将栈置为空栈

2. 若进栈序列为 1,2,3,4,进栈过程中可以出栈,则下列不可能的一个出栈序列是 _____

_____ 。

(A)1,4,3,2　　　(B)2,3,4,1　　　(C)3,1,4,2　　　(D)3,4,2,1

3. 栈和队列的共同点 ＿＿＿＿＿＿＿＿＿。

(A)都是先进先出

(B)都是后进先出

(C)只允许在端点处插入和删除元素

(D)没有共同点

4. 若已知一个进栈序列是 $1,2,3,\cdots,n$,其输出序列是 $p_1,p_2,p_3,\cdots p_n$,若 $p_1=n$,则 $p_i(1<i<n)$ 为＿＿＿＿＿＿＿。

(A) i　　　　　　　　　　　(B) $n-i$

(C)$n-i+1$　　　　　　　　(D) 不确定

5. 判断一个栈 ST(最多元素为 MaxSize)为空的条件是＿＿＿＿＿＿＿＿。

(A)ST−>top==1　　　　　(B)ST−>top==−1

(C)ST−>top! =MaxSize−1　　(D)ST−>top==MaxSize−1

6. 向一个栈指针为 HS 的链式栈中插入一个 s 所指的结点时,则执行＿＿＿＿＿＿＿＿。

(A)HS−>NEXT=S;

(B)S−>NEXT=HS−>NEXT;HS−>NEXT=S;

(C)S−>NEXT=HS;HS=S;

(D)S−.NEXT=HS;HS=HS−>NEXT;

7. 在一个非空的链式队列中,假设 f 和 r 分别为队头和队尾指针,则插入 s 所指的结点运算是＿＿＿＿＿＿＿＿。

(A)f−>next=s;f=s;　　　　(B)r−>next=s;r=s;

(C)s−>next=s;r=s;　　　　(D)s−>next=f;f=s;

8. 在一个非空的链式队列中,假设 f 和 r 分别为队头和队尾指针,则删除结点的运算是＿＿＿＿＿＿＿＿＿＿＿。

(A)r=f−>next;　　　　　　(B)r=r−>next;

(C)f=f−>next;　　　　　　(D)f=r−>next;

9. 下列关于线性表,栈和队列叙述,错误的是＿＿＿＿＿＿＿＿。

(A)线性表是给定的 n(n 必须大于零)个元素组成的序列

(B)线性表允许在表的任何位置进行插入和删除操作

(C)栈只允许在一端进行插入和删除操作

(D)队列只允许在一端进行插入一端进行删除

10. 栈 s 的初始状态为空,6 个元素的入栈顺序为 e_1,e_2,e_3,e_4,e_5 和 e_6。若出栈的顺序是 e_2,e_4,e_3,e_6,e_5,e_1,则栈 s 的容量至少应该是＿＿＿＿＿＿＿。

(A)6　　　　　(B)4　　　　　(C)3　　　　　(D)2

11. 为了减小栈溢出的可能性,可以让两个栈共享一片连续存储空间,两个栈的栈底分别设在这片空间的两端,这样只有当＿＿＿＿＿＿＿＿时才可能产生上溢。

(A)两个栈的栈顶在栈空间的某一位相遇

(B)其中一栈的栈顶到达栈空间的中心点

(C)两个栈的栈顶同时到达空间的中心点

(D)两个栈均不空,且一个栈的栈顶到达另一个栈的栈顶

12. 数组 Q[0…n−1]用来表示一个环形队列,f 为当前队头元素的前一位置,r 为队尾元素的位置,假定队列中元素的个数总小于 n,计算队列中元素个数的公式为_____。

(A)r−f

(B)n+f−r

(C)n+r−f

(D)(n+r−f)mod n

13. 一个元素 a_1、a_2、a_3 和 a_4 依次入栈,入栈过程中允许元素出栈,假设某一时刻站的状态是 a_3(栈顶)、a_2,a_1,(栈底),则不可能的出栈顺序是_____。

(A)a_4, a_3, a_2, a_1

(B)a_3, a_2, a_4, a_1

(C)a_3, a_1, a_4,a_2

(D)a_3,a_4, a_2, a_1

14. 一个数组 A[1……N]来存储一个栈,令 A[n]为栈底,用整型变量 T 指示当前栈顶位置,A[T]为栈顶元素。当从栈中弹出一个元素时,变量 T 的变化为_____。

(A)T=T+1

(B)T=T−1

(C)T 不变

(D)T=n

15. 一个判别表达式左、右括号是否配对出现的算法,采用_____数据结构最佳。

(A)线性表的顺序存储结构

(B)栈

(C)队列

(D)线性表的链式存储结构

16. 栈的插入和删除操作在_____进行。

(A)栈顶

(B)栈底

(C)任意位置

(D)指定位置

17. 向顺序栈中压入新元素时,应_____。

(A)先移动栈顶指针,再存入元素

(B)先存入元素,再移动栈顶指针

(C)先后次序无关紧要

(D)同时进行

18. 链式栈与顺序栈相比,一个比较明显的优点是_____。

(A)插入操作更加方便

(B)通常不会出现栈满的情况

(C)不会出现栈空的情况

(D)删除操作更加方便

19. 设一个栈的输入序列为 A,B,C,D,则借助一个栈所得到输出序列不可能是_____。

(A)A,B,C,D

(B)D,C,B,A

(C)A,C,D,B

(D)D,A,B,C

20. 若用一个大小为 6 的数组来实现循环队列,且当前 rear 和 fornt 的值分别为 0 和 3。从当前队列中删除一个元素,再加入两个元素后,rear 和 front 的值分别为_____。

(A)1 和 5

(B)2 和 4

(C)4 和 2

(D)5 和 1

21. 由两个栈共享一个向量空间的好处是_____。

(A)减少存取时间,降低下溢发生的机率

(B)节省存储空间,降低上溢发生的机率

(C)减少存取时间,降低上溢发生的机率

(D)节省存储空间,降低下溢发生的机率

22. 设一数列的顺序为 1,2,3,4,5,6,通过队列操作可以得到_____的输出序列。

(A)3,2,5,6,4,1

(B)1,2,3,4,5,6

(C)6,5,4,3,2,1

(D)4,5,3,2,6,1

23. 从一个顺序队列中删除元素时,首先要_____。

(A)前移一位队首指针

(B)后移一位队首指针

(C)取出队首指针所指位置上的元素　(D)取出队尾指针所指位置上的元素

24. 在一个顺序存储的循环队列中,队头指针指向队头元素的_____。

(A)前一个位置　　　　　　　　　(B)后一个位置

(C)队头元素位置　　　　　　　　(D)队尾元素位置

25. 两栈共享数组存储空间,前一个栈的栈顶指针为 p 后一个栈的栈顶指针为 q,能进行正常入栈操作的条件是_____。

(A)p<=q　　　　(B)p>q　　　　(C)p<q-1　　　(D)p=q-2

26. 一个递归的定义可以用递归过程的求解,也可以用非递归过程求解,但单位从用行时间来看,通常递归过程比非递归过程_____。

(A)较快　　　　(B)较慢　　　　(C)相同　　　　(D)无法确定

27. 在一个顺序循环队列中,队尾指针指向队尾元素的_____位置。

(A)后两个　　　　　　　　　　　(B)后一个

(C)当前　　　　　　　　　　　　(D)前一个

28. 字符 A,B,C 依次进入一个栈,按出栈的先后顺序组成不同的字符串,则至多可以组成_____个不同的字符串。

(A)14　　　　　(B)5　　　　　(C)6　　　　　(D)8

选择题答案:

1. B	2. C	3. C	4. C	5. B	6. C	7. B
8. C	9. A	10. C	11. A	12. D	13. C	14. A
15. B	16. A	17. A	18. B	19. D	20. B	21. B
22. B	23. B	24. A	25. C	26. B	27. C	28. B

3.4.2　填空题

1. 栈和队列的区别在于_____。

2. 通常元素进栈的顺序是_____。

3. 通常元素出栈的顺序是_____。

4. 从一个循环队列中删除一个元素,通常的操作是_____。

5. 从一个循环队列中插入一个元素,通常的操作是_____。

6. 设栈 S 的初始状态为空,队列 Q 的初始状态如图所示

对栈 S 和队列 Q 进行以下两步操作:

(1)删除 Q 中的元素,将删除的元素插入 S,直到 Q 为空

(2)依次将 S 中的元素插入 Q,直到 S 为空

在上述两步操作后,队列 Q 的状态是_____。

7. 栈又称为____①____表,队列又称为____②____表。

8. 一个栈的输入序列是12345,则栈的输出序列 43512 是_____。

9. 对于顺序存储的栈,因为栈的空间是有限的,在进行＿＿＿＿①＿＿＿＿运算时,可能发生栈的上溢,＿＿＿②＿＿＿在进行＿＿＿③＿＿＿运算时,可能发生栈的下溢。

10. 向一个链栈插入一个 p 所指向的结点时,需要把栈顶指针的值赋给 p 所指向的结点的＿＿＿＿①＿＿＿,然后把 p 赋给＿＿＿②＿＿＿。

11. 当用长度为 N 的数组顺序存储一个栈时,假定用 top＝N 表示栈空,则表示栈满的条件为＿＿＿＿＿。

12. 在用一维数组 A[N]存储一个顺序循环队列时,若队列的首、尾指针分别用 f 和 r 表示,则队列长度为＿＿＿＿＿。

13. 假设以 S 和 X 分别表示进栈和退栈操作,则对输入序列 a,b,c,d,e 进行一系列操作 SSXSXSSXXX 之后,得到的输出序列为＿＿＿＿＿＿。

填空题答案:

1. 栈的插入和删除都在同一端进行,队列的插入和删除分别在两端进行

2. 先移动栈顶指针,后存入元素

3. 先移动栈顶指针,后取出元素

4. 先移动队头指针,再取出元素

5. 先移动队尾指针,再插入元素

6. (队头)a_4 a_3 a_2 a_1(队尾)

7. ①后进先出　　②先进先出

8. 不可能的

9. ①进栈　②顺序栈　③出栈

10. ①指针域　②栈顶指针

11. top＝＝0

12. (r＋N－f)%N

13. b c e d a

3.4.3　应用题

1. 设循环队列的容量为 40(序号从 0 到 39),现经过一系列的入队和出队运算后,有:①front＝11,rear＝19;②front＝19,rear＝11;问在这两种情况下,循环队列中各有元素多少个?

2. 设有字符串 3 * a－b/4 ,试利用栈写出将此次序改变为 3a * b4/－的操作步骤。例如:ABC 变 BCA,操作步骤为 Push;Push;Pop;Push;Pop;Pop。

3. 用一维数 q[10] 顺序存储一个循环队列,队首和队尾指针分别用 front 和 rear 表示,当前队列中已有 8 个元素,依次为:a,b,c,d,e,f,g,h,其中 a 是队首,h 是队尾,front 的值为 7,请画出对应的存储状态图,当连续做四次出队运算后,再让元素 x,y,z 依次进队,请再画出对应的存储状态图。(说明:需标出 front 和 rear 的位置。)

应用题答案:

1. ①元素个数 8 个;②元素个数 32 个

2. Push;Pop;Push;Push;Pop;Pop;Push;Push;Pop;Push;Push;Pop;Pop;Pop

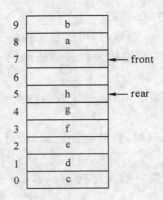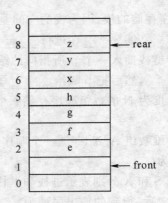

3.

3.4.4　算法设计题

1. 试将下列递归过程改写为非递归过程。

```
void  test(int  &sum)
{ int  x;
    cin>>x;
    if(x== 0) sum = 0;
    else {test(sum); sum += x;}
    cout<<sum;
}
```

2. 设整数序列 a1,a2,…,an,给出求解最大值的递归程序。

3. 设有两个栈 S1,S2 都采用顺序栈方式,并且共享一个存储区[O..Maxsize-1],为了尽量利用空间,减少溢出的可能,可采用栈顶相向,迎面增长的存储方式。试设计 S1,S2 有关入栈和出栈的操作算法。

4. 设表达式以字符形式已存入数组 E[n]中,'♯' 为表达式的结束符,试写出判断表达式中括号是否配对的 C 语言描述算法:int Match(char * E,int n) 。

5. 请利用两个栈 S1 和 S2 来模拟一个队列。已知栈的三个运算定义如下:

Push(S,x):元素 x 入 S 栈;

Pop(S):S 栈顶元素出栈;

EmptyStack(S):判 S 栈是否为空。

那么如何利用栈的运算来实现该队列的三个运算:

EnQueue:插入一个元素入队列;

OutQueue:删除一个元素出队列;

EmptyQueue:判队列为空。

6. 已知求两个正整数 m 与 n 的最大公因子的过程用自然语言可以表述为反复执行如下动作:第一步:若 n 等于零,则返回 m;第二步:若 m 小于 n,则 m 与 n 相互交换;否则,保存 m,然后将 n 送 m,将保存的 m 除以 n 的余数送 n。

(1)将上述过程用递归函数表达出来。

(2)写出求解该递归函数的非递归算法。

7. 一个双端队列 Deque 是限定在两端 end1 和 end2 都可以进行插入和删除的线性表。

队空条件是 end1＝end2。若用顺序方式来组织双端队列,试根据下列要求定义双端队列的结构,并给出在指定端 K(K＝1,2)进行插入 EnQueue 和删除 DeQueue 操作的实现。要求:

(1)当队满时,最多只能有一个元素空间可以是空的。

(2)在进行两端的插入和删除时,队列中其他元素一律不动。

8. 已知 Ackerman 函数的定义如下:

$$Ack(m,n) = \begin{cases} n+1 & m=0 \\ Ack(m-1,1) & m\neq 0, n=0 \\ Ack(m-1, Ack(m, n-1)) & m\neq 0, n\neq 0 \end{cases}$$

(1)写出递归算法。

(2)写出非递归算法。

算法设计题答案:

1.【算法分析】

这是以读入数据的顺序为相反顺序进行累加问题,可将读入数据放入栈中,到输入结束,将栈中数据退出进行累加。累加和的初值为 0。

【算法源代码】

```
int test(int sum)
{   int x;
    Statck s;
    cin >> x;
    while (x<>0)
    {
        push(s,x);
        cin>>x;
    }
    cout << sum;
    while (! EmptyStack(s))
    {   sum += pop(s);
        cout << sum; }
}
```

2.【算法分析】

如果数组只有 1 个元素,则该数组的最大值就是该元素,如果第 n 个元素的值比前 n－1 个元素的最大值大,则最大值就是该元素,否则就是前 n－1 个元素中的最大值。

【算法源代码】

```
int MaxValue (int a[],int n)
//设整数序列存于数组 a 中,共有 n 个,本算法求解其最大值。
{
    int max;
    if (n == 1)
        max = a[0];
    else if (a[n-1]>MaxValue(a,n-1))
        max = a[n-1];
```

```
    else
        max = MaxValue(a,n-1);
    return(max);
}
```

3.【算法分析】

两栈共享向量空间,将两栈栈底设在向量两端,初始时,s1 栈顶指针为－1,s2 栈顶为 maxsize。两栈顶指针相邻时为栈满。两栈顶相向,迎面增长,栈顶指针指向栈顶元素。

【算法源代码】

```
#define Maxsize 100 //两栈共享顺序存储空间所能达到的最多元素数
typedef int Elemtype; //假设元素类型为整型
typedef struct
{
    Elemtype stack[Maxsize]; //栈空间
    int top[2]; //top 为两个栈顶指针
}Stack;
Stack s; //s 是如上定义的结构类型变量,为全局变量。
```

(1)入栈操作

//入栈操作。i 为栈号,i＝0 表示左边的栈 s1,i＝1 表示右边的栈 s2,x 是入栈元素。入栈成功返回 1,否则返回 0。

```
int push(int i,Elemtype x)
{
    if(i<0||i>1)
    {
        cout << "栈号输入不对\n";
        exit(0);
    }
    if(s.top[1] - s.top[0] == 1)
    {
        cout <<"栈已满\n";
        return(0);
    }
    switch(i)
    {
    case 0:
        s.stack[ ++ s.top[0]] = x;
        return(1);
        break;
    case 1:
        s.stack[ -- s.top[1]] = x;
        return(1);
    }
}
```

（2）退栈操作

//退栈算法。i 代表栈号，i＝0 时为 s1 栈，i＝1 时为 s2 栈。退栈成功返回退栈元素，否则返回－1。

```
Elemtype pop(int i)
{
    if(i<0 || i>1)
    {
        cout <<"栈号输入错误\n";
        exit(0);
    }
    switch(i)
    {
    case 0:
        if(s.top[0] == -1)
            {
                cout <<"栈空\n";
                return-1;
            }
        else
            return(s.stack[s.top[0] -- ]);
        break;
    case 1:
        if(s.top[1] == Maxsize)
        {
            cout << "栈空\n";
            return(-1);
        }
        else
            return(s.stack[s.top[1] ++ ]);
    }
}
```

4.【算法分析】

　　判断表达式中括号是否匹配，可通过栈，简单说是左括号时进栈，右括号时退栈。退栈时，若栈顶元素是左括号，则新读入的右括号与栈顶左括号就可消去。如此下去，输入表达式结束时，栈为空则正确，否则括号不匹配。另外，由于只是检查括号是否匹配，故对从表达式中读入的不是括号的那些字符，一律不作处理。假设栈容量足够大，因此入栈时未判断溢出。

　　【算法源代码】

　　//E 是有 n 字符的字符数组，存放字符串表达式，以'＃'结束。本算法判断表达式中括号是否匹配。

```
int Match(char * E,int n)
{
    Statck s; //s 容量足够大,用作存放括号的栈。
```

```
int i = 0; //字符数组 E 的工作指针。
push(s,'#'); //'#'先入栈,用于和表达式结束符号'#'匹配。
while(E[i]! = '#') //逐字符处理字符表达式的数组。
switch(E[i] )
{
case '(':
case '{':
case '[':
    push(s,E[i]);
    i++ ;
    break ;
case ')':
    if(peek(s) == '(')
        {
            pop(s);
            i++ ;
            break;
        }
    else
    {
        cout << "括号不配对";
        exit(0);
    }
case ']':
    if(peek(s) == '[')
        {
            pop(s);
            i++ ;
            break;
        }
    else
        {
            cout << "括号不配对";
            exit(0);
        }
case '}':
    if(peek(s) == '{')
        {
            pop(s);
            i++ ;
            break;
        }
    else
        {
```

```
                cout << "括号不配对";
                exit(0);
            }
    case '#':
    if(peek(s) == '#')
        {
            cout << "括号配对\n";
            return 1;
        }
    else
        {
            cout << "括号不配对\n";
            return 0;
        }
    default : i++ ; //读入其他字符,不作处理。
        }
}
```

5.【算法分析】

栈的特点是后进先出,队列的特点是先进先出。所以,用两个栈 s1 和 s2 模拟一个队列时,假定栈 s1 和栈 s2 容量相同。s1 作输入栈,逐个元素入栈,以此模拟队列元素的入队。当需要出队时,将栈 s1 退栈并逐个压入栈 s2 中,s1 中最先入栈的元素,在 s2 中处于栈顶。s2 退栈,相当于队列的出队,实现了先进先出。显然,只有栈 s2 为空且 s1 也为空,才算是队列空。

出队从栈 s2 出,当 s2 为空时,若 s1 不空,则将 s1 倒入 s2 再出栈。入队在 s1,当 s1 满后,若 s2 空,则将 s1 倒入 s2,之后再入队。因此队列的容量为两栈容量之和。元素从栈 s1 倒入 s2,必须在 s2 空的情况下才能进行,即在要求出队操作时,若 s2 空,则不论 s1 元素多少(只要不空),就要全部倒入 s2 中。

【算法源代码】

本题采用顺序栈,设栈的数据结构定义如下:

```
typedef Struct{
    ElemType * stack;
    int top;
    int MaxSize;
}Stack;
```

(1)//s1 是容量为 n 的栈,栈中元素类型是 ElemType。本算法将 x 入栈,若入栈成功返回 1,否则返回 0。

```
int EnQueue(Stack s1,Stack s2,ElemType x)
{
    if(s1.top == s1.MaxSize - 1 && ! EmptyStack(s2)) //s1 满 s2 非空,这时 s1 不能再入栈
    {
        cout << "栈满\n";
        return 0;
```

```
    }
    if(s1.top == s1.MaxSize-1 && EmptyStack(s2))    //若 s2 为空,先将 s1 退栈,元素再入栈到 s2
        while(! EmptyStack(s1))
            Push(s2,Pop(s1));
    Push(s1,x); //x 入栈,实现了队列元素的入队
    return 1;
}
```

(2)//s2 是输出栈,本算法将 s2 栈顶元素退栈,实现队列元素的出队。

```
ElemType OutQueue(Stack s2,Stack s1)
{
    ElemType x;
    if(! EmptyStack(s2)) //栈 s2 不空,则直接出队
    {
        x = Pop(s2);
        return x;
    }
    else if (EmptyStack(s1))
    {
        cout << "队列空\n";
        exit(0);
    }
    else
    {
        while(! EmptyStack(s1)) //先将栈 s1 倒入 s2 中,再作出队操作
            PUSH(s2,Pop(s1))
        x = Pop(s2); //s2 退栈相当队列出队
    return x;
    }
}
```

(3) //本算法判用栈 s1 和 s2 模拟的队列是否为空。

```
int EmptyQueue(Stack s1,Stack s2)
{
    if(EmptyStack(s1)&&EmptyStack(s2)) //队列空
        return  1;
    else                              //队列不空
        return  0;
}
```

6.【算法分析】

求两个正整数 m 和 n 的最大公因子,本题叙述的运算方法叫辗转相除法,也称欧几里德定理。其函数定义为:

【算法源代码】

```
int gcd (int m,int n) //求正整数 m 和 n 的最大公因子的递归算法
{
    if(n == 0)
        return(m);
    else
        return gcd(n,m % n);
}
```

使用栈,消除递归的非递归算法如下:

```
int gcd(int m,int n)
{
    Stack s1,s2;
    top = 1;
    Push(s1,m);
    Push(s2,n);
    while( Peek(s2)! = 0 )
    {
        t = Pop(s1) % Peek(s2);
        Push(s1,Pop(s2));
        Push(s2,t);
    }
    return Pop(s1);
}
```

由于是尾递归,可以不使用栈,其非递归算法如下

```
int gcd (int m,int n) //求正整数 m 和 n 的最大公因子
{
    int r;
    while (n ! = 0)
    {
        r = m % n;;
        m = n;
        n = r;
    }
    return m;
}
```

7.【算法分析】

双端队列示意图,如图 3.11 所示,并且构成一个循环队列。

设置初始状态的双端队列(空队)为:Q. end1 = Q. end2 = 0。双端队列满的条件为:(Q. end2+1)% MAXSIZE == Q. end1。当 k = 1 时,在左端 Q. end1 操作;k = 2 时,在右端 Q. end2 操作。入队列时,end1 按照逆时针方向进行,end2 顺时针方向进行。

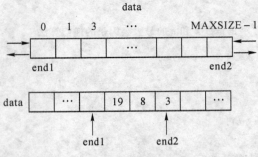

图 3.11   双端队列示意图

【算法源代码】

```
#define MAXSIZE 100
typedef struct {
    ElemType data[MAXSIZE];
    int end1;
    int end2;
}DoubleQueue;
```

// (1) 入队列算法：

```
int En_DoubleQueue( DoubleQueue &Q, ElemType x, int k )
{
    if( (Q.end2 + 1) % MAXSIZE  ==  Q.end1 )
        return 0;
    if( k== 1 ) {
        Q.data[Q.end1] = x;
        Q.end1 = (Q.end1 - 1) % MAXSIZE;
    }
    else if( k== 2 ) {
        Q.end2 = (Q.end2 + 1) % MAXSIZE;
        Q.data[Q.end2] = x;
    }
    else
        return 0;
    return 1;
}
```

// (2) 出队列算法

```
int De_DoubleQueue( DoubleQueue &Q, ElemType &x, int k )
{
    if( Q.end1 ==  Q.end2 )
        return 0;
    if( k== 1 ) {
        Q.end1 = (Q.end1 + 1) % MAXSIZE;
        x = Q.data[Q.end1];
```

```
    }
    else if( k== 2 ) {
        x = Q. data[Q. end2];
        Q. end2 = (Q. end2 - 1) % MAXSIZE;
    }
    else
        return 0;
    return 1;
}
```

8.【算法分析】

要完成利用栈实现递归算法非递归化问题,首先要理解原函数的运算过程,建议写出 Ack (1,1)的计算过程,分析过程可以参见习题解析第 9 题。

【算法源代码】

(1) 递归算法:

```
int ack( int m, int n )
{
    if( m== 0 )
        return n + 1;
    else
        if( n== 0 )
            return ack( m - 1, 1 );
        else
            return ack( m - 1, ack(m,n - 1) );
}
```

(2) 非递归算法:

```
#define MAXSIZE 100
typedef struct {
    int ism;
    int isn;
}Stack;
int ack( int m, int n )
{
    Stack S[MAXSIZE];
    int top = 0;
    S[top]. ism = m;
    S[top]. isn = n;
    do {
        while( S[top]. ism != 0 ) {
            while( S[top]. isn != 0 ) {
                top ++ ;
                S[top]. ism = S[top - 1]. ism;
                S[top]. isn = S[top - 1]. isn - 1;
```

```
            }
            S[top].ism-- ;
            S[top].isn = 1;
        }
        if( top > 0 ) {
            top-- ;
            S[top].ism-- ;
            S[top].isn = S[top + 1].isn + 1;
        }
    } while( top ! = 0 || S[top].ism ! = 0 );
    top-- ;
    return S[top + 1].isn + 1;
}
```

第4章 树

4.1 知识点概述

4.1.1 树的定义和基本概念

树（tree）是树形结构的简称。它是一种重要的非线性数据结构。树是 n（n≥0）个结点的有限集。当 n＝0 时称为空树,在任意一棵非空树上:

1）有且只有一个特定的称为根（root）的结点。

2）当 n＞1 时,除根结点外其余结点可分为 m（m＞0）个互不相交的有限集 T_1, T_2, …, T_m,其中每一个集合本身又是一棵树,称为根的子树（SubTree）,并且每棵子树的根结点是整个树根结点的后继。

显然,树的定义是递归的,树是一种递归的数据结构。用二元组表示为:

tree = (K, R)

K = { ki | 1≤i≤n, n≥0, ki∈ElemType}

R = { r }

其中,n 为树中结点数,n＝0 时则为空树,当 n ＞ 0（非空树）时,关系 r 满足下列条件:

① 有且仅有一个结点没有前驱,此结点称为树的根。

② 除根结点以外,其余每个结点有且仅有一个前驱结点。

③ 所有结点可以有任意多个（含 0 个）后继。

在图 4.1 中,A 结点是树的根结点,其余结点分成 3 个独立的子集:T_1＝{B, E, F, K, L},T_2＝{C, G},T_3＝{D, H, I, J, M},T_1、T_2、T_3 都是根 A 的子树,且本质也是子树。B、C、D 结点分别是 T_1、T_2、T_3 的根结点。T_1、T_2、T_3 又可分为更小的子树,D 结点的子树是 {H, M}、{I} 和 {J},其中 {I} 和 {J} 是只有一个根结点的子树。

树中的结点包含一个数据元素及若干指向其子树的分支。结点拥有的子树数目或者说后继结点数称为结点的度（degree）。树中所有结点的度的最大值称为该树的度。度为 0 的结点称为叶子或终端结点,度不为 0 的结点称为非终端结点或分支结点。结点的子树的根称为该结点的孩子,相应地,该结点称为孩子结点的双亲,同一个双亲的孩子之间互称兄弟。结点的祖先是从根到该结点所经过的分支上所有结点。反之,以某结点为根的子树中任一结点都称为该结点的子孙。例如,在图 4.1(b)中,F、G、I、J、K、L 和 M 都是叶子结点;树的度为 3;D 是 H、I、J 的双亲,H、I、J 是 D 的孩子且互为兄弟;E 的祖先是 A、B,而 K、L 既是 E 的孩子也是 E 的子孙。

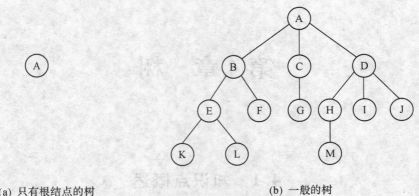

(a) 只有根结点的树   (b) 一般的树

图 4.1 树的示例

树形结构也是一种层次结构,树中的每个结点都处在一定的层数上。结点的层次从根开始定义,根为第一层,根的孩子为第二层,以此类推。树中结点的最大层次称为树的深度。如图 4.1(b)的深度为 4。

如果将树中结点的各个子树看成从左到右是有次序的,则称此树为有序树,否则称为无序树。

4.1.2 二叉树的定义和基本概念

二叉树(binary tree)是一种特殊的树,是树的度最大为 2 的有序树。它是一种最简单、而且最重要的树,在计算机领域有着广泛的应用。二叉树的递归定义为:二叉树或者是一棵空树,或者是一棵由一个根结点和两棵互不相交的分别称作根的左子树和右子树所组成的非空树,左子树和右子树又同样都是一棵二叉树。

二叉树的特点是每个结点至多只有二棵子树(即二叉树中不存在度大于 2 的结点),并且,二叉树的子树有左右之分,结点左子树的根称为结点的左孩子(left child),结点右子树的根称为结点的右孩子(right child)。其次序不能任意颠倒。图 4.2 所示的是二叉树的基本形态。

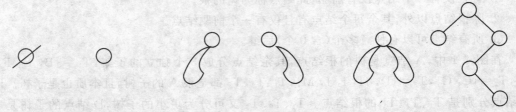

(a) 空二叉树 (b) 仅有根结点
的二叉树 (c) 右子树为空
的二叉树 (d) 左子树为空
的二叉树 (e) 左右子树均
非空的叉树 (f) 一般的二叉树

图 4.2 二叉树的五种基本形态示例

二叉树有下列重要特性:

性质 1:二叉树上终端结点数等于双分支结点数加 1。

性质 2:二叉树的第 i 层上至多有 2^{i-1} 个结点 (i≥1)。

性质 3:深度为 k 的二叉树至多有 2^k-1 个结点(k≥1)。

一棵深度为 k 且有 2^k-1 个结点的二叉树称为满二叉树,即满二叉树上每一层的结点数都是满的。

若对满二叉树自顶向下,同层自左向右连续编号,则深度为 k 有 n 个结点的二叉树,当且仅当其每个结点都与深度为 k 的满二叉树中的编号从 1 ~ n 的结点一一对应,则称之为完全二叉树。也就是说,完全二叉树除最后一层外,其余各层都是满的,并且最后一层或者是满的,或者是在右边缺少连续若干个结点。图 4.3 所示的特殊形态的二叉树。

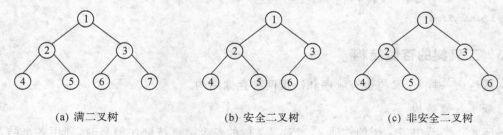

(a) 满二叉树 (b) 安全二叉树 (c) 非安全二叉树

图 4.3 特殊形态的二叉树

性质 4:对一棵有 n 个结点的完全二叉树的结点按层序(从上往下,从左往右)从 1 开始顺序编号,则对任意结点编号 i 有:

①若编号为 i 的结点有左孩子,则左孩子结点的编号为 2i;若编号为 i 的结点有右孩子,则右孩子结点的编号为 2i+1。

②若编号 i=1,则此为根结点;否则编号为 i 的结点其双亲结点的编号为 i/2。即当 i 为偶数时,其双亲结点编号为 i/2,它是双亲结点的左孩子;当 i 为奇数时,其双亲结点编号为 (i-1)/2,它是双亲结点的右孩子。

③若编号 $i \leqslant \lfloor n/2 \rfloor$,即 $2i \leqslant n$,则编号为 i 的结点为分支结点,否则为叶子结点。

④若 n 为奇数,则每个分支结点都既有左孩子又有右孩子;若 n 为偶数,编号最大的分支结点(编号为 n/2)只有左孩子,没有右孩子,其余分支结点左右孩子都有。

性质 5:具有 n(n>0)个结点的完全二叉树的深度为 $\log_2 n + 1$。

二叉树的抽象数据类型定义如下:

```
ADT BinaryTree is
    Data:
        某一存储结构方式的二叉树,设用 BTreeType 表示,
        BTreeType  BT
    Operations
        void InitBtree(BTreeType  &BT);
            //初始化二叉树,即把它置为一棵空树
        void CreateBtree(BTreeType  &BT, char * s);
            //根据字符串 s 表示的二叉树建立对应的存储结构
        bool EmptyBtree(BTreeType  BT);
            //判断二叉树是否为空,若是则返回 true,否则返回 false
        void TraverseBtree(BTreeType  BT);
            //按照一定次序遍历二叉树,使得每个结点的值均被访问一次
        bool FindBtree(BTreeType  BT,ElemType &item);
            //从二叉树中查找值为 item 的结点,若存在则由 item 带回它的完整值
            //并返回 true,否则返回 false 表示查找失败
        int BtreeDepth(BTreeType  BT);
```

```
                    //求二叉树的深度
        void PrintBtree(BTreeType  BT);
                    //输出二叉树
        void ClearBtree(BTreeType  &BT);
                    //清除二叉树中所有结点,使之变为一棵空树
End BinaryTree
```

4.1.3   二叉树的存储结构

同线性表一样,二叉树也有顺序和链接两种存储结构。

1. 顺序存储结构

按照 4.1.2 节中二叉树的性质 4,当对二叉树的各个结点按顺序编号时,利用各个结点的编号与一维数组的下标一一对应的关系,把结点的值存放到相应的数组下标中,由于编号规则是从 1 开始,故对于一维数组放弃使用 0 号单元。如此编号为 i 的结点其左右孩子的编号为 $2i$ 和 $2i+1$。假定用一维数组 bt1 和 bt2 来顺序存储图 4.3(b) 和图 4.3(c) 中的二叉树,则数组中各元素的值如图 4.4 所示,各单元存储二叉树结点的值。

图 4.4   二叉树的顺序存储结构

二叉树顺序存储结构定义如下:

```
#define   MAX_TREE_SIZE 100   //二叉树的最大结点数
typedef   ElemType SqBiTree[MAX_TREE_SIZE];
SqBiTree   bt;
```

顺序存储二叉树的优劣:

1)对于完全二叉树用顺序存储既节约空间,存取也方便;

2)对于一般二叉树用顺序存储,空间较浪费,最坏情况为单分支二叉树。

2. 链接存储结构

根据二叉树的特性,因为二叉树结点度不大于 2,故二叉树的结点可由一个数据元素值域和两个分别指向左右树根结点的指针域构成。即二叉树的链接存储结构中至少包含 3 个域:数据域和左、右指针域,称为二叉链表,如图 4.5(a) 所示。有时为了便于找到结点的双亲,则还可在结点结构中增加一个指向其双亲的指针域,称为三叉链表,如图 4.5(b) 所示。

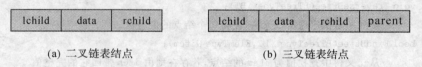

(a) 二叉链表结点   (b) 三叉链表结点

图 4.5   二叉树结点及其存储结构

二叉树的二叉链表存储结构定义如下：

```
struct BTreeNode  {
    ElemType data;                         // 结点值域
    BTreeNode * lchild, * rchild ;         // 定义左右孩子指针
} ;
```

对于图 4.3(c)的二叉树,其二叉链表存储结构如图 4.6 所示,其中 f 为指向树根结点的指针,称为根指针。

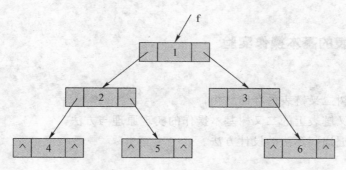

图 4.6 二叉树的二叉链表存储结构

4.1.4 二叉树的遍历

二叉树的遍历是二叉树中最重要的运算。二叉树的遍历是指按照一定次序访问二叉树中所有结点,并且每个结点的值仅被访问一次的过程。根据二叉树的递归定义,二叉树由根结点、左子树和右子树所组成,因此,遍历一棵非空二叉树的问题可分解为 3 个子问题:访问根节点、遍历左子树和遍历右子树。假如用 D、L 和 R 分别表示上述三个部分,则可产生 DLR、LDR、LRD、DRL、RDL、RLD 这 6 中次序的遍历方案。若限定先左后右的次序访问,则只有前三种情况。按照何时访问根结点的次序,称 DLR 为先序(先根)遍历,LDR 为中序(中根)遍历,LRD 为后序(后根)遍历。显然根据二叉树的递归定义,遍历左右子树的问题仍然是遍历二叉树的问题,由此可得出遍历算法为递归算法。

先序遍历二叉树的操作定义为：

若二叉树为空,则结束(返回,为递归出口);否则：

① 访问根结点；

② 先序遍历左子树；

③ 先序遍历右子树。

由此可给出先序遍历的算法：

```
void PreOrder(BTreeNode * BT) {
    if (BT ! = NULL)  {
        cout<<BT->data<< ' ';    //访问根结点
        PreOrder(BT->left) ;       //递归调用,先序遍历左子树
        PreOrder(BT->right) ;      //递归调用,先序遍历右子树
    }
}
```

读者很容易根据上述算法写出相应的中序遍历和后序遍历的算法。若对图 4.6 的二叉树进行先序遍历,则得到的序列为 1 2 4 5 3 6。

另一方面,二叉树的递归定义也说明了二叉树的其他运算大多也可用递归的方法加以解决,当然也可用非递归的方法,但相应地增加了算法的复杂性,并且可能将会用到栈或队列。

4.2 实验项目

4.2.1 二叉链表的基本操作实验

1. 实验目的

(1)掌握二叉树二叉链表的存储结构;

(2)掌握在二叉链表上的二叉树基本操作的实现原理与方法。

(3)进一步掌握递归算法的设计方法。

2. 实验内容

(1)按照下面二叉树二叉链表的存储表示,编写头文件 binary_tree.h,实现二叉链表的定义与基本操作实现函数;编写主函数文件 test4_1.cpp,验证头文件中各个操作。

二叉树二叉链表存储表示如下:

```
struct BTreeNode  {
    ElemType data;                          // 结点值域
    BTreeNode * lchild, * rchild ;          // 定义左右孩子指针
} ;
```

基本操作如下:

①void InitBTree(BTreeNode * &BT);

//初始化二叉树 BT

②void CreateBTree(BTreeNode * &BT, char * a);

//根据字符串 a 所给出的广义表表示的二叉树建立二叉链表存储结构

③int EmptyBTree(BTreeNode * BT);

//检查二叉树 BT 是否为空,空返回 1,否则返回 0

④int DepthBTree(BTreeNode * BT);

//求二叉树 BT 的深度并返回该值

⑤int FindBTree(BTreeNode * BT, ElemType x);

//查找二叉树 BT 中值为 x 的结点,若查找成功返回 1,否则返回 0

⑥void PreOrder(BTreeNode * BT);

//先序遍历二叉树 BT

⑦void InOrder(BTreeNode * BT);

//中序遍历二叉树 BT

⑧void PostOrder(BTreeNode * BT);

//后序遍历二叉树 BT

⑨void PrintBTree(BTreeNode * BT);

//输出二叉树 BT

⑩void ClearBTree(BTreeNode ＊ &BT);

//清除二叉树 BT

(2)选做:实现以下说明的操作函数,要求把函数添加到头文件 binary_tree. h 中,并在主函数文件 test4_1. cpp 中添加相应语句进行测试。

①void LevelOrder(BTreeNode ＊ BT)

//二叉树的层序遍历

②int Get_Sub_Depth(BTreeNode ＊ T, ElemType x)

//求二叉树中以元素值为 x 的结点为根的子树的深度

(3)填写实验报告。

3. 实验提示

主程序文件框架可参考如下:

```
// test4_1. cpp:验证基本操作正确性
# include <stdio. h>
# include <stdlib. h>
typedef char ElemType;                // 定义二叉链表中元素类型
# include "binary_tree. h"
// 特别注意以上语句的书写次序
void main()
{
    BTreeNode ＊ bt;
    char b[50];
    printf("输入二叉树用广义表表示的字符串:\n");
    gets(b);
    // 以下用以测试 binary_tree. h 文件中的各个操作,请自行编写
    ……
}
```

4.2.2　二叉链表的进一步操作实验

1. 实验目的

(1)熟练掌握二叉树二叉链表的存储结构;

(2)进一步掌握在二叉链表上的二叉树操作的实现原理与方法。

(3)掌握中序遍历的非递归算法。

2. 实验内容

(1)实现以下说明的操作函数,添加到 4.2.1 节实验中所写的头文件 binary_tree. h 中,并在主函数文件 test4_1. cpp 中添加测试语句加以验证。

操作函数如下:

①void InOrder2(BTreeNode ＊ BT);

//非递归中序遍历二叉树 BT

②void ChangeBTree(BTreeNode ＊ &BT);

//将二叉树中的所有结点的左右子树进行交换：

③int CountBTree(BTreeNode ＊ BT);

//统计二叉树中的所有结点数并返回

④BTreeNode ＊ CopyBTree(BTreeNode ＊ BT);

//复制一棵二叉树，并返回复制得到的二叉树根结点指针

（2）选做：实现以下说明的操作函数，添加到 4.2.1 节实验中所写的头文件 binary_tree.h 中，并在主函数文件 test4_1.cpp 中添加相应语句进行测试。

①int SimilarTrees(BTreeNode ＊ BT1,BTreeNode ＊ BT2)

//判断两棵二叉树是否相似。所谓相似是指如果两棵二叉树具有相同的树型，则称它们是相似的，否则不是。

②BTreeNode ＊ RemoveLeaves(BTreeNode ＊ BT1)

//摘树叶：摘除一棵二叉树上的所有叶子结点后返回一棵新的二叉树。

（3）填写实验报告。

3. 实验提示

（1）二叉树中序遍历的非递归算法就是运用栈这种数据结构将递归的中序遍历转换成非递归的中序遍历，采用的是间接转换方式。从中序遍历递归算法执行过程中递归工作栈的状态可见：

① 栈中保存的应是指向根结点的指针，则当栈顶记录中的指针非空时，应遍历左子树，即指向左子树的根的指针进栈；

② 若指向左子树根结点的指针为空，则应退至上一层，若是从左子树返回，则应访问当前层即栈顶记录中指针所指的根结点；

③ 若是从右子树返回，则表明当前层的遍历结束，应继续退栈。从另一个角度看，这意味着遍历右子树时不需要保存当前层的根指针，可直接修改栈顶记录中的指针即可。

由此可见，保存结点和访问结点的次序恰好相反。因此，必须定义一个栈，可以是顺序栈，也可以是链式栈。

中序遍历非递归算法的 N－S 流程图如图 4.7：

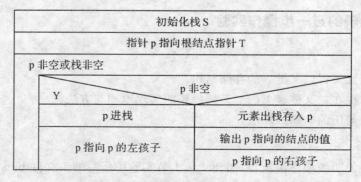

图 4.7　中序遍历非递归算法的 N－S 流程图

注意：栈中存放的应该是指向结点的指针，即结点的地址，而不是结点的值。因为，只有根据结点的地址才能在二叉树中查找到该结点。

（2）其余操作函数仍可用递归方法解决。

4.3　习题范例解析

1.选择题:如果用二叉链表来表示一棵具有 $n(n>1)$ 个结点的二叉树,则在二叉链表中_____。

（A）至多有 $n-1$ 个非空的右指针域　（B）至少有 2 个空的右指针域

（C）至少有 2 个非空的左指针域　　　（D）至多有 $n-1$ 个空的右指针域

【答案】　A

【解析】　查看 n 个结点的二叉树的形态,B 和 C 很容易举出反例。考虑二叉树的几种特殊形态,第一种为 n 个结点的右孩子指针全为空,即二叉树为左单分支形态,则此形态二叉树为 n 个空的右指针域,故 D 亦错误;第二种为 n 个结点的左孩子指针全为空,即二叉树为右单分支形态,则此形态二叉树除最后一层结点的右孩子指针为空外,其余均指向右孩子,即最多只有 $n-1$ 个右指针域非空,故 A 正确。

2.选择题:在高度为 h 的完全二叉树中,_____。

（A）度为 0 的结点都在第 h 层上　　（B）第 $i(1 \leqslant i < h)$ 层上结点的度都为 2

（C）第 $i(1 \leqslant i < h)$ 层上有 2^{i-1} 个结点　（D）不存在度为 1 的结点

【答案】　C

【解析】　根据完全二叉树的定义,完全二叉树除最后一层外,其余各层都是满的,并且最后一层或者是满的,或者是在右边缺少连续若干个结点。也就是说,最后第 h 层和第 $h-1$ 层都有可能存在度为 0 的结点,但是除最后一层（第 h 层）外,其余各层均是满的,根据二叉树性质（性质 2）,第 $i(1 \leqslant i < h)$ 层上有 2^{i-1} 个结点,故 C 正确。

3.选择题:二叉树若用顺序存储结构（数组）存放,则下列四种操作中的_____最容易实现。

（A）先序遍历二叉树　　　　　　　（B）判断两个结点是不是在同一层上

（C）层次遍历二叉树　　　　　　　（D）根据结点的值查找其存储位置

【答案】　C

【解析】　二叉树的顺序存储方式是利用完全二叉树各个结点的编号与一维数组的下标一一对应的关系,把结点的值存放到相应的数组下标中,即数组中存放的次序是与层序遍历的次序是一致的,故只要是顺序输出数组中各元素的值即可得到二叉树的层序序列,故 C 最容易实现。

4.填空题:设高度为 h 的二叉树中只有度为 0 和度为 2 的结点,则此类二叉树中所包含的结点数至少为_____个,至多为_____个。

【答案】　$2h-1, 2^h-1$

【解析】　因为此二叉树中只有度为 0 和 2 的结点,也就是说不存在单分支结点,则结点数最少的情况是除根结点外,每一层都只有 2 个结点,故最少共有 $2(h-1)+1=2h-1$ 个结点;结点数最多的情况是此二叉树为满二叉树,故结点数最多为 $2^0+2^1+2^2+\cdots+2^{h-1}=2^h-1$ 个结点。

5.填空题:具有 n 个结点的满二叉树,其叶子结点的个数为_____。

【答案】　(n＋1)/2

【解析】　设满二叉树的深度为 h,则根据二叉树性质 2,该二叉树的总结点个数满足以下公式:n＝2^0＋2^1＋2^2＋…＋2^{h-1},最后一层为叶子结点,共有 2^{h-1}＝(n＋1)/2 个。

6.应用题:已知一棵二叉树的中序序列是 cbedahgijf,后序序列是 cedbhjigfa,画出这棵二叉树的逻辑结构图。

【答案】

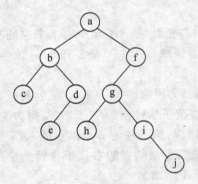

图 4.8　习题范例解析 6

【解析】　由二叉树的后序序列可得知 a 为整棵二叉树的根结点,又由二叉树的中序序列可得知 a 之前为结点 a 的左子树、a 之后为结点 a 的右子树,即二叉树的形态如图 4.9(a)所示。再考虑其左子树部分,由后序序列中得知 b 为左子树的根结点,结点 b 又在中序序列中分为左右两部分,即为结点 b 的左右子树,如图 4.9(b)所示。同理,结点 a 的右子树根结点为 f,且按照中序序列可得知 f 的右子树为空,如此一直下去,得出整个二叉树,如图 4.8 所示。

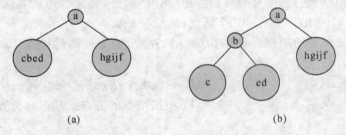

        (a)   (b)

图 4.9　二叉树示意图

7.算法设计题:编写求二叉树 BT 中结点总数的算法。

【算法分析】　对于一棵非空二叉树来说,其结点总数＝根结点左子树的结点总数＋根结点右子树的结点数＋1。其中 1 为根结点本身,同样的,对于根结点左子树和右子树的结点总数,仍采用同样的方法,故采用递归算法。

【算法源代码】

```
int BTreeCount(BTreeNode * BT)   //二叉树中结点的总数
{
    if(BT == NULL)
        return 0;          //空树结点数为 0
    else if(BT->left == NULL&&BT->right == NULL)
        return 1;          //只有一个根结点,结点数为 1
```

```
else                    //左右子树不为空,则结点数为左右子树结点数 + 1
    return BTreeCount(BT - >left ) + BTreeCount(BT - >right ) + 1;
}
```

4.4　习　题

4.4.1　选择题

1. 按照二叉树定义,具有 3 个结点的二叉树共有_____种形态。
(A) 3　　　　　(B) 4　　　　　(C) 5　　　　　(D) 6

2. 具有五层结点的完全二叉树至少有_____个结点。
(A) 9　　　　　(B) 15　　　　　(C) 31　　　　　(D) 16

3. "二叉树为空"意味着二叉树_____。
(A) 由一些没有赋值的空结点构成　　(B) 根结点没有子树
(C) 不存在　　　　　　　　　(D) 没有结点

4. 以下有关二叉树的说法正确的是_____。
(A) 二叉树的度为 2　　　　　　(B)一棵二叉树的度可以小于 2
(C) 至少有一个结点的度为 2　　　(D)任一结点的度均为 2

5. 已知二叉树的后序遍历是 dabec,中序遍历是 debac,则其前序遍历是_____。
(A) acbed　　　　(B) decab　　　　(C) deabc　　　　(D) cedba

6. 一棵 n 个结点的完全二叉树从根结点这一层开始按从上往下,从左到右的顺序把结点依次存储在数组 A[1..n]中。设某个结点在数组中的位置为 i,则若它有右孩子,则右孩子结点的位置是_____。
(A) i/2　　　　(B) 2i−1　　　　(C) 2i　　　　(D) 2i+1

7. 将一棵有 1000 个结点的完全二叉树从上到下,从左到右依次进行编号,根结点的编号为 1,则编号为 49 的结点的右孩子编号为_____。
(A) 98　　　　(B) 99　　　　(C) 50　　　　(D) 没有右孩子

8. 对具有 100 个结点的二叉树,若用二叉链表存储,则其指针域共有_____为空。
(A) 50　　　　(B) 99　　　　(C) 100　　　　(D) 101

9. 二叉树一定是_____。
(A) 有序树　　　(B) 完全二叉树　　　(C) 满二叉树　　　(D) 非完全二叉树

10. 设二叉树的深度为 h,且只有度为 1 和 0 的结点,则此二叉树的结点总数为_____。
(A) 2h　　　　(B) 2h−1　　　　(C) h　　　　(D) h+1

11. 对一棵满二叉树,m 个树叶,n 个结点,深度为 h,则_____。
(A) n=h+m　　(B) h+m=2n　　(C)m=h−1　　(D)n=2^h−1

12. 某二叉树的先序序列和后序序列正好相反,则下列说法错误的是_____。
(A) 二叉树不存在
(B) 若二叉树不为空,则二叉树的深度等于结点数
(C) 若二叉树不为空,则任一结点不能同时拥有左孩子和右孩子

(D) 若二叉树不为空,则任一结点的度均为1

13.对二叉树的结点从1开始进行编号,要求每个结点的编号大于其左右孩子的编号,同一结点的左右孩子中,其左孩子的编号小于其右孩子的编号,可采用_____遍历实现编号。

(A) 先序　　　　　(B)中序　　　　　(C) 后序　　　　　(D)层序

14.一个具有 1025 个结点的二叉树的高 h 为_____。

(A) 10　　　　　(B)11　　　　　(C)11～1025　　　　　(D)10～1024

15.设 n,m 为一棵二叉树上的两个结点,在中序遍历时,n 在 m 前的条件是_____。

(A) n 在 m 右方　　　　　　　　(B)n 是 m 祖先

(C) n 在 m 左方　　　　　　　　(D) n 是 m 子孙

16.在一非空二叉树的中序遍历中,根结点的右边_____。

(A) 只有右子树上的所有结点　　　(B) 只有右子树上的部分结点

(C) 只有左子树上的部分结点　　　(D) 只有左子树上的全部结点

17.实现对任意二叉树的后序遍历的非递归算法而不使用栈结构,最佳方案是二叉树采用_____存储结构。

(A) 二叉链表　　　(B) 广义表　　　(C)三叉链表　　　(D)顺序

18. 一棵树可转换成为与其对应的二叉树,则下面叙述正确的是_____。

(A) 树的先根遍历序列与其对应的二叉树的先序遍历相同

(B) 树的后根遍历序列与其对应的二叉树的后序遍历相同

(C) 树的先根遍历序列与其对应的二叉树的中序遍历相同

(D) 以上都不对

选择题答案:

1. C　　　2. D　　　3. D　　　4. B　　　5. D

6. D　　　7. B　　　8. D　　　9. A　　　10. C

11. D　　　12. A　　　13. A　　　14. C　　　15. C

16. A　　17. C　　　18. A

4.4.2 填空题

1.对一棵具有 n 个结点的二叉树,当它为一棵_____二叉树时具有最小高度;当它为_____时,具有最大高度。

2.在二叉树的第 i(i≥1)层上至多有_____个结点,深度为 k(k≥1)的完全二叉树至多_____个结点,最少_____个结点;

3.如果二叉树的终端结点数为 n0,度为 2 的结点数为 n2,则 n0＝_____。

4.已知一棵二叉树的中序序列是 cbedahgijf,后序序列是 cedbhjigfa,则该二叉树的先序序列是_____,该二叉树的深度为_____。

5.若一棵二叉树的中序遍历结果为 ABC,则该二叉树有_____中不同的形态。

6.在顺序存储的二叉树中,下标为 i 和 j 的两个结点处在同一层的条件是_____。

7.已知完全二叉树的第 7 层有 8 个结点,则其叶子结点数为_____个。总结点数为_____个。

8.在对二叉树进行非递归中序遍历过程中,需要用_____来暂存所访问结点的地址;进行层序遍历过程中,需要用_____来暂存所访问结点的地址;

9.高度为 h,度为 k 的树中至少有_____个结点,至多有_____个结点。

10.用一维数组存放完全二叉树:ABCDEFGHI,则后序遍历该二叉树的结点序列为_____。

填空题答案:

1. 完全二叉树,单分支二叉树

2. 2^{i-1},2^k-1,2^{k-1}

3. n2+1

4. abcdefghij,5

5. 3

6. $\log_2 i = \log_2 j$

7. 36,71

8. 栈,队列

9. $h+k-1$,k^h-1

10. HIDEBFGCA

4.4.3 应用题

1. 说明分别满足下列条件的二叉树各是什么?

(1)先序遍历和中序遍历相同;

(2)中序遍历和后序遍历相同;

(3)先序遍历和后序遍历相同;

2. 已知二叉树的先序遍历序列为"—、+、a、*、b、c、—、/、d、e、f",中序遍历序列为"a、+、b、*、c、—、d、/、e、—、f",画出此二叉树,并写出它的后序遍历序列。

3. 一棵二叉树的先序、中序、后序序列如下,其中一部分未标出,试构造出该二叉树。

先序序列:_ _ C D E _ G H I _ K

中序序列:C B _ _ F A _ J K I G

后序序列:_ E F D B _ J I H _ A

4. 证明:任意一个有 n 个结点的二叉树,已知它有 m 个叶子结点,则非叶子结点中有(m—1)个度为 2,其余度为 1。

5. 有 n 个结点的二叉树,已知叶子结点个数为 n_0,回答下列问题:

(1)写出求度为 1 的结点的个数 n_1 的计算公式;

(2)若此树是深度为 k 的完全二叉树,写出 n 为最小的公式;

(3)若二叉树中仅有度为 0 和度为 2 的结点,写出求该二叉树结点个数 n 的公式;

应用题答案:

1.满足条件(1)的二叉树为空树或只有一个根节点或右单分支二叉树。满足条件(2)的二叉树为空树或只有一个根节点或左单分支二叉树。满足条件(3)的二叉树为空树或只有一个根节点的二叉树。

【解析】 显然空二叉树和只有根结点的二叉树均满足上述 3 个条件。假如用 D、L 和 R 分别表示根结点、左子树和右子树三个部分,则先序遍历为 DLR,中序遍历为 LDR,后序遍历为 LRD。首先考虑条件(1)的情况,则要使先序和中序遍历相同,即 DLR 和 LDR 相同,只有当二叉树各节点无左子树时,先序和后序遍历都为 DR 才满足条件,即二叉树为右单分支二叉树。同理可推出条件（2）、（3）的情形。

2.

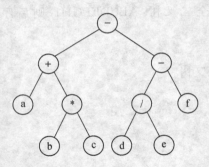

3. 先序序列：A B C D E F G H I J K
中序序列：C B E D F A H J K I G
后序序列：C E F D B K J I H G A

4. 证明：设二叉树中度为1的结点数为 a，度为2的结点数为 b，则该二叉树的总结点数为：$n=a+b+m$

再看二叉树中分支数，除根结点外，其余结点都有一个分支进入，设 B 为分支数，则有：$n=B+1$；由于这些分支由度为1和2的结点射出，所以又有：$B=a+2b$；待如上式可得：$n=a+2b+1$

由前两方面可得：$a+b+m=a+2b+1$

故 $b=m-1$

即有 $m-1$ 个度为2的结点。

5. （1）记度为2的结点个数为 n_2，则 $n=n_0+n_1+n_2$，另一方面，除了根结点以外，其余结点均有父结点的分支射出，所以结点数 $n=1+n_1+2*n_2$；综合上面两式可得 $n_1=n+1-2n_0$。

（2）当树是深度为 k 的完全二叉树时，n 的最小值 $n_{min}=2^{k-1}$；

（3）当二叉树中仅有度为0和2的结点时，二叉树的结点个数 $n=2n_0-1$。

4.4.4 算法设计题

1. 假设以二叉链表存储的二叉树中，每个结点所含数据元素均为单个字母，编写一个按树状打印二叉树的算法。例如，左下二叉树打印为右下形状。

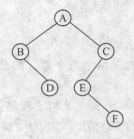

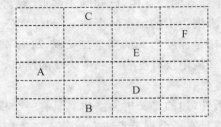

2. 编写求二叉树 BT 中结点总数的算法。

3. 编写求二叉树 BT 中叶子结点数的算法。

4. 若已知两棵二叉树 BT1 和 BT2 皆为空，或者皆不为空且 BT1 的左、右子树和 BT2 的左、右子树分别相似，则称二叉树 BT1 和 BT2 相似。编写算法，判别给定的两棵二叉树是否相似。

5. 编写算法, 求二叉树中以元素值为 x 的结点为根的子树的深度。

6. 编写算法, 计算二叉树中度为 1 的结点数和度为 2 的结点数。

7. 试利用栈的基本操作编写一个先序遍历的非递归算法。

算法设计题答案:

1.【算法分析】

(1) 从打印输出的格式可看出, 输出顺序为 "CFEADB", 此顺序正好按 "右子树、根结点、左子树" 的顺序访问二叉树所得, 可借鉴二叉树的中序遍历。

(2) 输出个字符的前导空格亦与二叉树结点所在层次一致, 故可采用带层次信息的中序遍历思想。

【算法源代码】

```
void print_BTree(BTreeNode * BT,int i) //i为结点所在层次,初次调用是 i = 0
{
    if(BT - >rchild) print_BTree(BT - >rchild,i + 1); //先访问右子树
    for(j = 1;j< = i;j++ ) printf(" "); //打印 i 个空格以表示出层次
    printf(" % c\n",BT - >data); //打印结点值
    if(BT - >lchild) print_BTree(BT - >lchild,i + 1); //继续访问左子树
}
```

2.【算法分析】

一棵二叉树的结点总数有三部分组成:根结点、左子树结点数、右子树结点数。显然为递归算法。

【算法源代码】

```
int BTreeCount(BTreeNode  * BT)  //二叉树中结点的总数
{
    if(BT == NULL)
        return 0;
    else if(BT - >left == NULL&&BT - >right == NULL)
        return 1;
    else
        return BTreeCount(BT - >left ) + BTreeCount(BT - >right )+1;
}
```

3.【算法分析】

若二叉树为空树, 显然叶子结点数为 0;若二叉树只有一个根结点, 则叶子结点数为 1;对于一般形态二叉树, 叶子结点数等于左子树叶子结点数与右子树叶子结点数之和;显然为递归算法。

【算法源代码】

```
int BTreeCount(BTreeNode   * BT)  //二叉树中结点的总数
{
    if(BT == NULL)
        return 0;
    else if(BT - >left == NULL&&BT - >right == NULL)
```

```
            return 1;
      else
            return BTreeCount(BT->left)+BTreeCount(BT->right);
}
```

4.【算法分析】

若二叉树为空树,显然叶子结点数为 0;若二叉树只有一个根结点,则叶子结点数为 1;对于一般形态二叉树,叶子结点数等于左子树叶子结点数与右子树叶子结点数之和;显然为递归算法。

【算法源代码】

```
int BTreeSim(BTreeNode  * BT1, BTreeNode  * BT1)   //判断两棵二叉树是否相似
{
      if(! BT1&&! BT2) return 1;
      else if (! BT1||! BT2) return 0;
      else
            return BTreeSim(BT1->lchild,BT2->lchile)&&BTreeSim(BT1->rchild,BT2->rchild);
}
```

5.【算法分析】

算法有两个功能组成,即先在二叉树中查找结点值为 x 的元素,找到后再求以此为根结点的子树的深度。可分别写两个递归算法用以实现两个功能。

【算法源代码】

```
int Get_Sub_Depth(BTreeNode * BT , ElemType x) //
{
      if(! BT) return 0;
      else if(BT->data == x) return DepthBTree(B)T;
      else if(BT->lchild ! = NULL) return Get_Sub_Depth(BT->lchild ,x);
      else if(BT->rchild ! = NULL) return Get_Sub_Depth(B)T->rchild,x;
      else return 0;
}
int DepthBTree(BTreeNode * BT)   //求二叉树 BT 的深度
{
      if(! BT) return 0;   //空树深度为 0
      else   {
            int dep1 = DepthBTree(BT->lchiid);   //先求根结点左子树的深度
            int dep2 = DepthBTree(BT->rchild);   //再求根结点右子树的深度
            if(dep1>dep2)                         //返回最大值,并加上根结点这一层
                  return dep1 + 1;
            else
                  return dep2 + 1;
      }
}
```

6.【算法分析】

用全局变量 s1 和 s2 分别表示度为 1 的结点个数和度为 2 的结点个数,它们的初始值均为 0。通过对二叉树进行先序遍历,在遍历过程中对个结点加以判断,并对 s1 和 s2 分别进行计数。

【算法源代码】

```
int s1 = 0,s2 = 0;
void BTreebranch(BTreeNode * BT)
{
    if(BT ! = NULL) {
        if(BT - >lchild ! = NULL) {
            if(BT - >rchild ! = NULL) s2 ++ ;
            else s1 ++ ;
            BTreebranch(BT - >lchild);
        }
        if(BT - >rchild ! = NULL) {
            if(BT - >lchild ! = NULL) s1 ++ ;
            BTreebranch(B)T - >rchild;
        }
    }
}
```

7.【算法分析】

若二叉树非空,首先访问根结点并将其地址进栈,然后沿着左链遍历根结点的左子树。若二叉树为空,则弹出栈顶元素,取得最近访问过的根结点地址,然后沿右链遍历根结点的右子树。

【算法源代码】

```
void PreOrder(BTreeNode * BT)
{
    InitStack(S);
    Push(S,T);
    while(! StackEmpty(S)) {
        vhile(gettop(S,p)&&p) {
            visit(p - >data);
            Push(S,p - >lchild);
        } //向左走到尽头
        Pop(S,p);
        if(! StackEmpty(S)) {
            Pop(S,p);
            Push(S,p - >rchild); //向右走一步
        }
    } //while
}
```

第5章 图

5.1 知识点概述

5.1.1 图的定义

图型结构(简称图,graph)是由顶点(vertex)集合及顶点间的关系(edge)集合组成的一种数据结构,其二元组定义为:

Graph = (V, E)

其中,

V={ vi | 0<=i<=n-1, n>=0, vi∈ VertexType} 是顶点的有穷集合,数据元素(即顶点)具有相同数据类型 VertexType;由于空的图在实际应用中没有意义,因此一般不讨论空的图,即 V 是顶点的有穷非空集合。

E={(x, y) | x, y∈V }或 E={<x, y> | x, y∈V } 是顶点之间二元关系的有穷集合,也叫做边集合。

图是比线性表和树更为复杂的非线性数据结构,线性表和树可看成是图的简单情况。

数据结构中所了解的图,和离散数学中的图论有关联,但图论侧重研究图的纯数学性质,而数据结构中图的研究则重在计算机中如何表示图以及如何实现图的操作和应用等。

5.1.2 图的基本术语

下面介绍几个有关图的基本术语:

- 顶点(结点,vertex):图中的数据元素;
- 边(edge):两个顶点之间的关系;

图的二元组定义可简述为:图由顶点集(vertex set)和边集(edge set)组成。

- 有向图:若图 G 中的每条边都是有方向的,则称 G 为有向图。有向边也称为弧(包括弧头和弧尾)。
- 无向图:若图 G 中的每条边都是没有方向的,则称 G 为无向图。

在图 5.1 中所示的无向图 G1 和有向图 G2 中,顶点集和边集分别为:

V(G1) = {A,B,C,D,E,F}

E(G1) = {(A,B),(A,E),(B,E),(C,D),(D,F),(B,F),(C,F) }

V(G2) = {A,B,C,D,E}

E(G2) = {<A,B>,<A,E>,<B,C>,<C,D>,<D,A>,<D,B>,<E,C>}

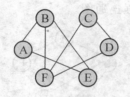 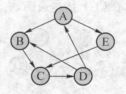

图 5.1   无向图 G1(左)和有向图 G2(右)

• 完全图：对有 n 个顶点的图，若为无向图且边数为 n(n−1)/2，则称其为无向完全图；若为有向图且边数为 n(n−1)，则称其为有向完全图。

• 稠密图：边数接近完全图的图。

• 稀疏图：边数较少的图。

• 邻接顶点：

对无向图 G＝(V,E)，若(v,v')∈E，称 v,v'为该边的两个端点，并称它们互为邻接点。

对有向图 G＝(V,E)，若弧＜v,v'＞∈E，分别称 v、v'为该边的起点(起始端点)和终点(终止端点)。称该边是 v 的一条出边，v'的一条入边。称 v,v'互为邻接点，v'是 v 的出边邻接点。v 是 v'的入边邻接点。

• 顶点 v 的度、入度与出度：

对无向图：顶点 v 的度是以 v 为端点的边的数目，记为 D(v)。

对有向图：顶点 v 的度是 v 的入度与出度之和，记为 ID(v)＋OD(V)，其中 v 的入度 ID(v)是 v 的入边的数目；v 的出度 OD(V)是 v 的出边的数目。

若一个图中有 n 个顶点和 e 条边，则图中所有顶点的度数之和与边数 e 有关系：

e = (D(v0) + D(v1) + ⋯ + D(vn − 1)) / 2

• 路径：在图 G＝(V, E)中，若存在一个顶点序列 vi,vp1, vp2,⋯, vpm,vj, 使得(vi, vp1)、(vp1, vp2)、⋯、(vpm, vj)(或＜vi, vp1＞、＜vp1, vp2＞、⋯、＜vpm, vj＞)均属于 E，则称顶点 vi 到 vj 存在一条路径。

• 回路：起点和终点相同的路径称为回路或环。

• 简单路径：若一条路径上的所有顶点均不相同，则称此路径为一条简单路径。

• 简单回路：若一条路径上除了 vi 和 vj 相同外，其余顶点均不相同，则称此路径为一条简单回路或简单环。

• 路径长度：路径中边的条数。

• 权：某些图的边具有与它相关的数，称之为权。这种带权图也称为网。

• 带权图的路径长度：为路径上各条边权值的总和。

• 子图：图 G'是图 G 的一部分。

即对图：G＝(V,R)，G'＝(V',R')满足 V'⊆V   AND   R'⊆R,称 G'为 G 的子图。

• 连通图：在无向图 G 中，若两个顶点 vi 和 vj 之间有路径存在，则称 vi 和 vj 是连通的。若 G 中任意两个顶点都是连通的，则称 G 为连通图。

• 连通分量：非连通图的极大连通子图叫做连通分量。

• 强连通图：在有向图中，若对于每一对顶点 vi 和 vj，都存在一条从 vi 到 vj 和从 vj 到 vi 的路径，则称此图是强连通图。

• 强连通分量：非强连通图的极大强连通子图叫做强连通分量。

图 5.1 中的无向图 G1 是连通图,有向图 G2 是强连通图。

图 5.2   非连通图 G3 的连通分量(左)和非强连通图 G4 的强连通分量(右)

在图 5.2 中所示的非连通图 G3 有两个连通分量,分别由顶点集{A,B,E}和顶点集{C,D,F}组成;非强连通图 G4 有三个强连通分量,分别由顶点集{B,C,D}、顶点集{A}和顶点集{E}组成。

5.1.3   图的抽象数据类型

图的抽象数据类型定义如下:

```
ADT Graph is
Data:
    Graph = (V, E),其中:
    V = { vi | 0< = i< = n-1, n> = 0, vi∈VertexType}是顶点的有穷集合;
    E = {(x, y) | x, y∈V}或  E = {<x, y> | x, y∈V}是顶点之间关系的有穷集合,也叫做边集合。
存储类型用 GraphType 表示
    Operations:
        void InitGraph(GraphType &G);   //初始化图的存储空间
        void CreateGraph(GraphType &G, char * E, int n);   //根据图的边集 E 建立图存储结构
        void TraverseGraph(GraphType &G, int i, int n);    //按照一定次序从顶点 i 开始遍历图
        bool FindGraph(GraphType &G, VertexType &item, int n);   //从图中查找给定值顶点
        void PrintGraph( GraphType &G,   int n); //按照图的一种表示方法输出一个图
        void ClearGraph( GraphType &G);   //清除图中动态分配的存储空间
        void MinSpanGraph( GraphType &G, int n);   //求图中的最小生成树
        void MinPathGraph( GraphType &G, int n);   //求图中顶点之间的最短路径
        void TopolGraph( GraphType &G, int n);   //求有向图中顶点之间的拓扑序列
        void KeyPathGraph( GraphType &G, int n);   //求有向带权图中的关键路径
end Graph
```

5.1.4   图的存储结构

图的存储结构又称图的存储表示。在图的多种表示方法中,重点要求掌握邻接矩阵和邻接表。

1. 邻接矩阵(Adjacency Matrix)

邻接矩阵是表示图形中顶点之间相邻关系的矩阵。该表示方法使用了两个数组,分别是用一维数组存储数据元素(顶点)的信息,称为顶点表;用二维数组存储数据元素之间的关系(边或弧)的信息,称为邻接矩阵。

设图 G=(V, E)是一个有 n 个顶点的图,则图的邻接矩阵是一个二维数组 A [n][n],定

义如下：

$$A[i,j] = \begin{cases} 1 & \text{若}(v_i,v_j) \text{ 或} <v_i,v_j> \text{ 是 } E(G) \text{ 中的边} \\ 0 & \text{若}(v_i,v_j) \text{ 或} <v_i,v_j> \text{ 不是 } E(G) \text{ 中的边} \end{cases}$$

若图是带权图，只需把 1 改成对应边的权值，非对角线上的 0 换成某个极大的特定常量，要求这个常量大于所有有效权值之和。

图的邻接矩阵的顶点表和邻接矩阵的类型定义如下：

```
const int   MaxVertexNum  ={图的最大顶点数};
const int MaxEdgeNum ={图的最大边数};
typedef int   WeightType;                           //定义权的类型
const int MaxValue = 10000;                         //无穷大的具体值

typedef VertexType vexlist[MaxVertexNum];            //定义顶点数组类型
typedef int adjmatrix[MaxVertexNum][MaxVertexNum];   //定义邻接矩阵类型
```

$$
\begin{array}{c}
\begin{array}{cccccc} A & B & C & D & E & F \end{array} \\
\begin{array}{c} A \\ B \\ C \\ D \\ E \\ F \end{array}
\begin{bmatrix}
0 & 1 & 0 & 0 & 1 & 0 \\
1 & 0 & 0 & 0 & 1 & 1 \\
0 & 0 & 0 & 1 & 0 & 1 \\
0 & 0 & 1 & 0 & 0 & 1 \\
1 & 1 & 0 & 0 & 0 & 0 \\
0 & 1 & 1 & 1 & 0 & 0
\end{bmatrix}
\end{array}
\qquad
\begin{array}{c}
\begin{array}{ccccc} A & B & C & D & E \end{array} \\
\begin{array}{c} A \\ B \\ C \\ D \\ E \end{array}
\begin{bmatrix}
0 & 1 & \infty & \infty & 1 \\
\infty & 0 & 1 & \infty & \infty \\
\infty & \infty & 0 & 1 & \infty \\
1 & 1 & \infty & 0 & \infty \\
\infty & \infty & 1 & \infty & 0
\end{bmatrix}
\end{array}
$$

图 5.3 无向图 G1 和有向图 G2 的邻接矩阵

图 5.1 中的无向图 G1 和有向图 G2 的邻接矩阵如图 5.3 所示。可发现下列规律：

无向图的邻接矩阵是对称的，统计第 i 行（列）1 的个数可求得顶点 i 的度，搜索第 i 行（列）可查找到所有邻接点。

有向图的邻接矩阵可能是不对称的，统计第 i 行 1 的个数可求得顶点 i 的出度，统计第 j 列 1 的个数可得顶点 j 的入度；搜索第 i 行可查找到出边邻接点。搜索第 i 列可查找到入边邻接点。

2. 邻接表（Adjacency List）

邻接表是将与同一个顶点 vi 相邻接的所有顶点链接在同一个单链表中（称为 vi 邻接表），该链表的每一个结点代表一条边，叫做边结点，边结点中保存该边的另一顶点的序号和指向下一个边结点的指针。每个顶点的邻接表的表头指针和顶点信息存放在一个数组（顶点表）中。

图的邻接表中边结点和顶点表的类型定义如下：

```
typedef  struct  Node
{
    int              adjvex;              //邻接点的位置
    WeightType       weight;              //权值域,根据需要设立
    struct Node      * next;              //指向下一条边(弧)
} edgenode;                               //边结点

//定义图的邻接表结构类型  （没包含顶点信息）
```

```
typedef    edgenode    * adjlist[ MaxVertexNum ];
```

图 5.4　无向带权图 G5(左)和有向带权图 G6(右)

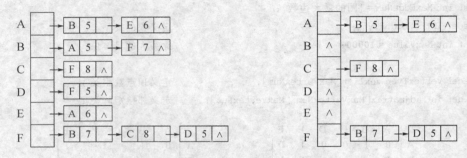

图 5.5　无向带权图 G5 和有向带权图 G6 的邻接表

图 5.4 的无向带权图 G6 和有向带权图 G7 的邻接表如图 5.5 所示。

一个图的邻接矩阵是唯一的,而邻接表不是唯一的,因为在每个顶点的邻接表中,各边结点的链接次序可以是任意的,其具体链接次序与边的输入次序和生成算法有关。

邻接矩阵的存储空间是 n * n 级的,而邻接表的空间复杂度是 O (n+e)。因此稠密图的存储结构适合取邻接矩阵,稀疏图的存储结构宜取邻接表。

3. 逆邻接表(Contrary Adjacency List)

利用图的邻接表,方便查找一个顶点的边(出边)或邻接点(出边邻接点)。但从有向图的邻接表查找一个顶点的入边或入边邻接点很不方便,需要通过逆邻接表(Contrary Adjacency List),即在表中每个顶点的单链表中存储所有入边的信息。如有向带权图 G6 的逆邻接表如图 5.6 所示。

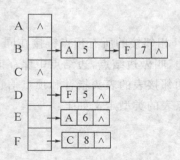

图 5.6　有向带权图 G6 的逆邻接表

4. 十字邻接表(Orthogonal Adjacency List)

将邻接表和逆邻接表整合构成有向图的十字邻接表(Orthogonal Adjacency List)。

在十字链表中的边结点包括 5 个域,为边的顶点域,终点域,权域(带权图),入边链域和出边链域;表头向量的两个域为入边表的表头指针域和出边表的表头指针域。如图 5.7 所示是有向图 G7 及 G7 的十字邻接表。

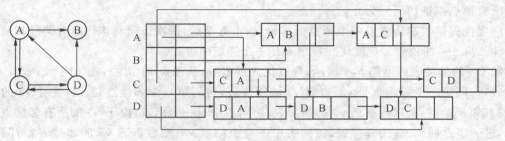

图 5.7 有向图 G7 及 G7 的十字邻接表

5. 边集数组(Edgeset Array)

边集数组是利用一维数组存储图中所有边的一种图的表示方法。该数组中所含元素的个数要大于等于图中边的条数,每个元素用来存储一条边的起点、终点和权。各边在数组中的顺序可任意安排。

图 5.1 中无向图 G1 和有向图 G2 对应的边集数组为如图 5.8 所示。

	0	1	2	3	4	5	6
起点	0	0	1	1	2	2	3
终点	1	4	5	4	5	3	5

	0	1	2	3	4	5	6
起点	0	0	1	2	3	3	4
终点	1	4	2	3	0	1	2

图 5.8 无向图 G1 和有向图 G2 的边集数组

在边集数组中查找一条边或统计一个顶点的度都需要扫描整个数组,时间复杂性为 O(e)。

5.1.5 图的遍历

图的遍历是对图中的每个顶点都进行一次且仅进行一次访问。由于图中的任意一个顶点都可能和其他顶点相邻接,所以在访问了某个顶点后,可能又会回到该顶点上。为了确保每个顶点在遍历过程中只被访问一次,需要为每个顶点建立一个访问标志 visited[i],在遍历开始之前,将它们设为 0,一旦第 i 个顶点被访问,则令 visited[i] 改为 1。

图的遍历常用的有两种:深度优先搜索遍历和广度优先搜索遍历。

1. 深度优先搜索遍历(depth—first search,DFS)

从某个顶点 V0 出发深度优先搜索遍历连通图的定义为:首先访问该顶点,然后依次从 V0 的各个未被访问过的邻接点出发进行深度优先搜索遍历。深度优先搜索遍历是一个递归的过程。

对于非连通图,需要对图中所有顶点检查一遍,即从第一个顶点起,如果该顶点未被访问,则从该顶点出发进行深度优先遍历,否则接着检查下一顶点,直至所有顶点都被访问到为止。

2. 广度优先搜索遍历(breadth—first search,BFS)

广度优先搜索遍历是从图中某个顶点 v 出发,在访问了 v 之后依次访问 v 的所有未访问的邻接点,然后分别从这些邻接点出发依次访问它们的邻接点,并使得"先被访问的顶点的邻接点"先于"后被访问的顶点的邻接点"进行访问,直至图中所有已被访问的顶点的邻接点都被访问到。

对于非连通图,则需另选一个未曾被访问过的顶点作为新的起始点,重复上述过程,直至图中所有顶点都被访问到为止。

广度优先搜索遍历是以一个顶点为起始点,由近至远,依次访问和该顶点有路径相通且长度为 1、2、3、…,的顶点。广度优先搜索不是一个递归的过程。

图 G8 的邻接表如下图 5.9 所示,深度优先搜索时,从顶点 v1 出发,先访问 v2;查看 v2 的邻接表,访问第一个邻接点是 v3;查看 v3 的邻接表,访问第一个邻接点是 v6;查看 v6 的邻接表,没有邻接结点,所以返回到 v3 的邻接表,访问表中下一个结点,由于 v3 的所有邻接点都已访问,进一步返回到 v2 的邻接表,访问表中下一个结点 v5;然后查看 v5 的邻接表,访问第一个邻接点是 v4;至此所有结点都被访问过,整个深度遍历访问结束,访问顺序为 v1,v2,v3,v6,v5,v4。

广度优先搜索时,从顶点 v1 出发,遍历 v1 的邻接表,依次访问了 v2,v5,v4;然后遍历 v2 的邻接表,依次访问该表中尚未访问过的结点,有 v3;依此类推,遍历 v3 的邻接表,访问结点 v6;至此所有结点都被访问过,整个广度遍历访问结束,访问顺序为 v1,v2,v5,v4,v3,v6。

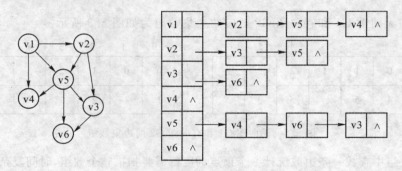

图 5.9   图 G8 的及其邻接表

5.2   实验项目

5.2.1   图的基本操作实验——邻接矩阵存储结构

1. 实验目的

(1)掌握图的存储结构:邻接矩阵。

(2)学会对图的存储结构进行基本操作。

2. 实验内容

(1)图的邻接矩阵定义及实现:

建立头文件 AdjMatrix.h,在该文件中定义图的邻接矩阵存储结构,并编写图的初始化、建立图、输出图、输出图的每个顶点的度等基本操作实现函数。同时建立一个验证操作实现的主函数文件 test5_1.cpp,编译并调试程序,直到正确运行。

(2)选做:编写图的深度优先遍历函数与广度优先遍历函数,要求把这两个函数添加到头文件 AdjMatrix.h 中,并在主函数文件 test5_1.cpp 中添加相应语句进行测试。

(3)填写实验报告。

3. 实验提示

头文件 AdjMatrix.h 内容框架可参考如下(没有包含选做函数):

```
const int   MaxVertexNum = 10;          //图的最大顶点数
const int   MaxEdgeNum = 100;           //图的最大边数
const int   MaxValue = 10000;           //无穷大的具体值


typedef char vexlist[MaxVertexNum];     //定义邻接矩阵类型
typedef int adjmatrix[MaxVertexNum][MaxVertexNum];


void InitMatrix( adjmatrix GA, int k)
{       //初始化邻接矩阵 GA,k = 0 代表无权图,k≠0 代表带权图
…………
}


void CreateMatrix( adjmatrix GA, int n, char * s, int k1, int k2)
{    //根据图的边集生成图的邻接矩阵
    //k1 = 0 代表无向图否则为有向图,
    //k2 = 0 代表无权图否则为带权图。
    //s 存放边集。n 为顶点数。
…………
}


void PrintMatrix( adjmatrix GA, int n, int k1, int k2)
{     //输出 n 个顶点的图 GA 的顶点集和边集
    //k1 = 0 代表无向图否则为有向图,
    //k2 = 0 代表无权图否则为带权图
…………
}


void DegreeMatrix( adjmatrix GA, int n, int k1, int k2)
{    //输出 n 个顶点的图 GA 的每个顶点的度
    //k1 = 0 代表无向图否则为有向图,
    //k2 = 0 代表无权图否则为带权图
…………
}
```

5.2.2　图的基本操作实验——邻接表存储结构

1. 实验目的

(1)掌握图的存储结构:邻接表。

(2)学会对图的存储结构进行基本操作。

2. 实验内容

(1)图的邻接表的定义及实现：

建立头文件 AdjLink.h,在该文件中定义图的邻接表存储结构,并编写图的初始化、建立图、输出图、输出图的每个顶点的度等基本操作实现函数。同时在主函数文件 test5_2.cpp 中调用这些函数进行验证。

(2)选做:编写图的深度优先遍历函数与广度优先遍历函数,要求把这两个函数添加到头文件 AdjLink.h 中,并在主函数文件 test5_2.cpp 中添加相应语句进行测试。

(3)填写实验报告。

3. 实验提示

头文件 AdjLink.h 内容框架可参考如下(没有包含选做函数):

```
typedef  struct  Node
{
    int  adjvex;                        //邻接点的位置
    WeightType  weight;                 //权值域,根据需要设立
    struct Node  * next;                //指向下一条边(弧)
} edgenode;                //边结点

typedef  edgenode  * adjlist[ MaxVertexNum ];   //定义图的邻接表结构类型

void InitAdjoin(adjlist GL)
{      //初始化邻接表 GL
…………
}

void CreateAdjoin( adjlist GL, int n, char * s, int k1, int k2)
{      //根据图的边集建立邻接表
    //  k1 = 0 代表无向图否则为有向图,
    //  k2 = 0 代表无权图否则为带权图。
    //  s 存放边集。n 为顶点数。
…………
}

void PrintAdjoin( adjlist GL, int n, int k1, int k2)
{      //根据 n 个顶点的图的邻接表 GL 输出图的顶点集和边集
    // k1 = 0 代表无向图否则为有向图,
    // k2 = 0 代表无权图否则为带权图
…………
}

void DegreeAdjoin( adjlist GL, int n, int k1, int k2)
{      //根据 n 个顶点的图的邻接表 GL 输出每个顶点的度
    //k1 = 0 代表无向图否则为有向图,
```

```
//k2＝0 代表无权图否则为带权图
…………
}
```

5.3　习题范例解析

1. 填空题：有 n 个顶点的有向强连通图至少有＿＿＿＿＿＿＿＿条边。

【答案】　n

【解析】　设 n 个顶点的有向强连通图边数为 E。有向连通的一个必要条件是图的无向图连通，有 n 个顶点的无向连通图至少有 n−1 条边。而当 E＝n−1 时，无向图为树，任取两顶点 s,t，从 s 到 t 有且只有一条无向路径，若有向路径 s−>t 连通，则有向路径 t−>s 必不存在，证明 E ＞n−1。当 E＝n 时，设 n 个顶点 $v_1,v_2,\cdots,v_n$，顺次连接有向边 $v_1v_2,v_2v_3,\cdots,v_{n-1}v_n,v_nv_1$，这个环是有向连通的。因此最少有 n 条边。

2. 填空题：用邻接表表示图时，顶点个数设为 n，边的条数设为 e，在邻接表上执行有关图的遍历操作时，时间代价是＿＿＿＿＿＿＿＿。

【答案】　O(n＋e)

【解析】　在邻接表上执行图的遍历操作时，需要对邻接表中所有的边链表中的结点访问一次，还需要对所有的顶点访问一次，所以时间代价是 O(n＋e)。

3. 证明题：n 个顶点的无向完全图中一定有 n(n−1)／2 条边。

【证明】　在有 n 个顶点的无向完全图中，每一个顶点都有一条边与其他某一顶点相连，所以每一个顶点有 n−1 条边与其他 n−1 个顶点相连，总计 n 个顶点有 n(n−1)条边。但在无向图中，顶点 i 到顶点 j 与顶点 j 到顶点 i 是同一条边，所以总共有 n(n−1)/2 条边。

4. 应用题：对于有 n 个顶点的无向图，采用邻接矩阵表示，如何判断以下问题：图中有多少条边？任意两个顶点 i 和 j 之间是否有边相连？任意一个顶点的度是多少？

【答案】　边数＝1 的个数／2；若两个顶点 i 和 j 之间有边相连，则矩阵中元素(i,j)为 1；统计第 i 行（列）1 的个数可求得顶点 i 的度。

【解析】　用邻接矩阵表示无向图时，因为是对称矩阵，对矩阵的上三角部分或下三角部分检测一遍，统计其中的非零元素个数，就是图中的边数。如果邻接矩阵中 A[i][j]不为零，说明顶点 i 与顶点 j 之间有边相连。此外统计矩阵第 i 行或第 i 列的非零元素个数，就可得到顶点 i 的度数。

5. 应用题：给出下列有向图的邻接矩阵和邻接表表示。

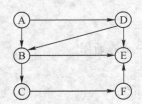

【答案】　Edge=

$$\begin{bmatrix} 0 & 1 & 0 & 1 & 0 & 0 \\ 0 & 0 & 1 & 0 & 1 & 0 \\ 0 & 0 & 0 & 0 & 0 & 1 \\ 0 & 1 & 0 & 0 & 1 & 0 \\ 0 & 0 & 0 & 0 & 0 & 0 \\ 0 & 0 & 0 & 0 & 1 & 0 \end{bmatrix}$$

邻接矩阵

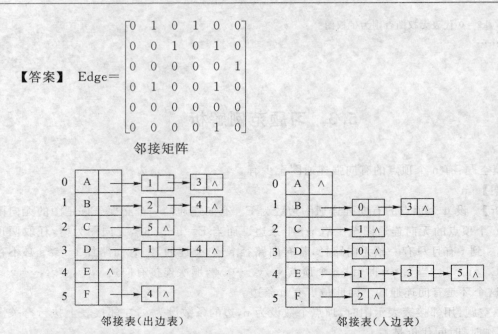

邻接表（出边表）　　　　　　　　　邻接表（入边表）

【解析】　根据图的邻接矩阵的定义，邻接矩阵是一个二维数组，当有向图中有弧<vi,vj>存在，数组元素 A[i,j]为 1，其他元素为 0。

根据图的邻接表定义，对于有向图中每个顶点 vi，把所有邻接于 vi 的顶点 vj 链成一个单链表，这个单链表称为顶点 vi 的邻接表。有向图的邻接表可分为出边表和入边表。

5.4　习　题

5.4.1　选择题

1. 设有向图的顶点个数为 n，则该图最多可以有＿＿＿＿＿条弧。

（A）n−1　　　　　（B）n(n−1)/2　　（C）n(n−1)　　　（D）n²

2. 一个有 n 个顶点的无向图最多有＿＿＿＿＿条边。

（A）n　　　　　　（B）n(n−1)　　　（C）n(n−1)/2　　（D）2ⁿ

3. 一个 n 个顶点的连通无向图，其边的个数至少为＿＿＿＿＿。

（A）n−1　　　　　（B）n　　　　　　（C）n+1　　　　　（D）n * (n−1)

4. 具有 4 个顶点的无向完全图有＿＿＿＿＿条边。

（A）6　　　　　　（B）12　　　　　　（C）16　　　　　　（D）20

5. 具有 6 个顶点的无向图至少应有＿＿＿＿＿条边才能确保是一个连通图。

（A）5　　　　　　（B）6　　　　　　（C）7　　　　　　（D）8

6. 在一个图中，所有顶点的度数之和等于所有边数的＿＿＿＿＿倍。

（A）1/2　　　　　（B）1　　　　　　（C）2　　　　　　（D）4

7. G 是一个非连通无向图，共有 28 条边，则该图至少有＿＿＿＿＿个顶点。

（A）8　　　　　　（B）9　　　　　　（C）29　　　　　　（D）30

8. 在一个有向图中,所有顶点的入度之和等于所有顶点的出度之和的＿＿＿＿＿倍。

(A)1/2 　　　(B)1 　　　(C)2 　　　(D)4

9. 对于一个具有 n 个顶点的无向图,若采用邻接矩阵表示,则该矩阵的大小是＿＿＿＿＿。

(A)n 　　　(B)(n−1)² 　　　(C)n−1 　　　(D)n²

10. 对邻接表的叙述中,＿＿＿＿＿是正确的。

(A)无向图的邻接表中,第 i 个顶点的度为第 i 个链表中结点数的二倍

(B)邻接表比邻接矩阵的操作更简便

(C)邻接矩阵比邻接表的操作更简便

(D)求有向图结点的度,必须遍历整个邻接表

11. 用邻接表存储图所用的空间大小＿＿＿＿＿。

(A)与图的顶点数和边数都有关 　　　(B)只与图的边数有关

(C)只与图的顶点数有关 　　　(D)与边数的平方有关

12. 对于一个有向图,若一个顶点的入度为 k1,出度为 k2,则对应邻接表中该顶点单链表中的结点数为＿＿＿＿＿。

(A)k1 　　　(B)k2 　　　(C)k1−k2 　　　(D)k1+k2

13. 采用邻接表存储的图的深度优先遍历算法类似于二叉树的＿＿＿＿＿。

(A)先序遍历 　　(B)中序遍历 　　(C)后序遍历 　　(D)按层遍历

14. 采用邻接表存储的图的广度优先遍历算法类似于二叉树的＿＿＿＿＿。

(A)先序遍历 　　(B)中序遍历 　　(C)后序遍历 　　(D)按层遍历

15. 以下说法错误的是＿＿＿＿＿。

(A)邻接矩阵法存储图时,在不考虑压缩处理的情况下,所占有的存储空间大小只与图中顶点个数有关,而与图的边数无关。

(B)邻接表法只能用于有向图的存储,而邻接矩阵法对于有向图和无向图的存储都适用。

(C)存储无向图的邻接矩阵是对称的,因此也可以只存储邻接矩阵的下(或上)三角部分。

(D)对于一个具有 N 个顶点和 E 条边的无向图,若采用邻接表示,则表头向量的大小为 N。

选择题答案:

1. C 　　2. C 　　3. A 　　4. A 　　5. A

6. C 　　7. B 　　8. B 　　9. D 　　10. D

11. A 　　12. B 　　13. A 　　14. D 　　15. B

5.4.2 填空题

1. 设无向图 G 中顶点数为 n,则图 G 最少有＿＿＿＿＿条边,最多有＿＿＿＿＿条边,要接通全部顶点至少需＿＿＿＿＿条边。

2. 设有向图 G 中顶点数为 n,则图 G 最少有＿＿＿＿＿条边;最多有＿＿＿＿＿条边,有向强连通图最少有＿＿＿＿＿条边。

3. 具有 n 个顶点的无向完全图,边的总数为＿＿＿＿＿条;而在 n 个顶点的有向完全图中,边的总数为＿＿＿＿＿条。

4. 若无向图 G 的顶点度数最小值大于等于＿＿＿＿＿时,G 至少有一条回路。

5. 在无权图 G 的邻接矩阵 A 中,若(vi,vj)或<vi,vj>属于图 G 的边集合,则对应元素 A

[i][j]等于_____,否则等于_____。

6.在无向图 G 的邻接矩阵 A 中,若 A[i][j]等于 1,则 A[j][i]等于_____。

7.图的邻接矩阵表示法是表示_____之间相邻关系的矩阵。

8.一个图的_____表示法是唯一的,而_____表示法是不唯一的。

9.已知一个有向图的邻接矩阵表示,计算第 i 个结点的入度的方法是_____。

10.已知一个图的邻接矩阵表示,删除所有从第 i 个结点出发的边的方法是_____。

11.对于一个具有 n 个顶点和 e 条边的无向图,若采用邻接表表示,则表头向量的大小为_____;所有邻接表中的接点总数是_____。

12.根据图的存储结构进行某种次序的遍历,得到的顶点序列是_____的。

13.深度优先搜索遍历类似于树的_____遍历,它所用到的数据结构是_____,时间复杂度为_____;广度优先搜索遍历类似于树的_____遍历。

14.分析下面的无向图,从顶点 A 出发的深度优先搜索序列为_____。

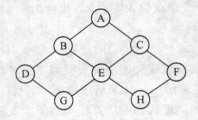

填空题答案:

1.0,n*(n-1)/2,n-1

2.0,n*(n-1),n

3.n*(n-1)/2,n*(n-1)

4.2

5.1,0

6.1

7.顶点

8.邻接矩阵,邻接表

9.求矩阵第 i 列非零元素之和

10.将矩阵第 i 行全部置为零

11.n,2e

12.唯一

13.先序,邻接表,O(n+e),按层

14.A,B,D,G,E,C,F,H

5.4.3　应用题

1.证明:有向完全图中一定有 n(n-1)条弧。

2.已知如下图所示的有向图,请给出该图的

(a)每个点的入/出度;

(b)强连通分量;

(c)邻接矩阵;

(d)邻接表;

(e)顶点 2 为访问的第一个顶点,按照邻接表给出该有向图的深度优先遍历的顶点访问序列;

(f)顶点 2 为访问的第一个顶点,按照邻接表给出该有向图的广度优先遍历的顶点访问序列;

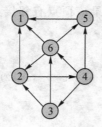

应用题答案:

1.【证明】　在有 n 个顶点的有向完全图中,每一个顶点都有一条边与其他某一顶点相连,所以每一个顶点有 n−1 条边与其他 n−1 个顶点相连,总计 n 个顶点有 n(n−1)条边。

2.【答案】

(a)顶点 1 的入度为 3,出度为 0;顶点 2 的入度为 2,出度为 2;顶点 3 的入度为 1,出度为 2;顶点 4 的入度为 1,出度为 3;顶点 5 的入度为 2,出度为 1;顶点 6 的入度为 2,出度为 3;

(b)强连通分量有三个,分别是{1},{5}和{2,3,4,6};

(c)邻接矩阵为:

$$
Edge = \begin{bmatrix} 0 & 0 & 0 & 0 & 0 & 0 \\ 1 & 0 & 0 & 1 & 0 & 0 \\ 0 & 1 & 0 & 0 & 0 & 1 \\ 0 & 0 & 1 & 0 & 1 & 1 \\ 1 & 0 & 0 & 0 & 0 & 0 \\ 1 & 1 & 0 & 0 & 1 & 0 \end{bmatrix}
$$

(d)邻接表(出边表)为:

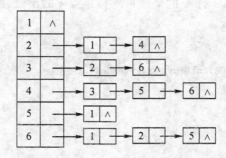

(e)顶点 2 为访问的第一个顶点,深度优先遍历的顶点访问序列 v2,v1,v4,v3,v6,v5;

(f)顶点 2 为访问的第一个顶点,广度优先遍历的顶点访问序列 v2,v1,v4,v3,v5,v6。

5.4.4　算法设计题

1. 编写算法,由无向图的邻接表生成邻接矩阵。

2. 编写两个函数,分别求邻接矩阵存储结构的有向图 G 中各顶点的入度和出度。

3. 编写函数,实现在邻接表存储的图 G 中删除顶点 v。(提示:删除一个顶点时要删除和该顶点有关联的所有边。)

算法设计题答案:

1.【算法分析】

(1)首先邻接矩阵初始化;

(2)访问顶点表中的每个顶点,如果该顶点有邻接点,遍历顶点的邻接表,得到邻接点序号,在邻接矩阵对应位置上填写数据。

【算法源代码】

```
void L2M(adjlist GL,adjmatrix GA, int n, int k1, int k2)
{
    int   i;
    edgenode   * p;
    InitMatrix( GA, k2);                        //邻接矩阵初始化
    for( i = 0 ; i < MaxVertexNum; i++ )        //访问顶点表中的每个顶点
        if (GL[i] ! = NULL){                    //如果顶点 i 有邻接点
            p = GL[i];                          //遍历顶点 i 的邻接表
            while (p ! = NULL){
                if (k2)
                    GA[i][p - >adjvex] = p - >weight ;
                else
                    GA[i][p - >adjvex] = 1;     //填写对应位置的矩阵数据
                p = p - >next ;
            }
        }
}
```

2.【算法分析】

无向图的邻接矩阵是对称的,统计第 i 行(列)1 的个数可求得顶点 i 的度;有向图的邻接矩阵可能是不对称的,统计第 i 行 1 的个数可求得顶点 i 的出度,统计第 j 列 1 的个数可得顶点 j 的入度。

【算法源代码】

```
void DegreeOut( adjmatrix GA,int Din[MaxVertexNum],int n)
{
    int i,j;
    for(i = 0 ; i < n; i++ )    {
        Din[i] = 0;
        for(j = 0; j < n; j++ )
            if( GA[i][j])    Din[i] ++ ;
    }
}
void DegreeIn( adjmatrix GA,int Dout[MaxVertexNum],int n)
{
    int i,j;
```

```
for(i = 0 ; i < n; i++ )    {
    Dout[i] = 0;
    for(j = 0; j < n; j++ )
        if( GA[j][i]) Dout[i] ++ ;
    }
}
```

3.【算法分析】

在图的邻接表中删除顶点分两个步骤：

(1)删除顶点 v 的邻接表；

(2)遍历其他顶点的邻接表,将连接 v 的边结点删除。

【算法源代码】

```
void deletevx(adjlist GL, int n, int adjvex)
{   int i ;
    edgenode    * p, * q;
    GL[adjvex] = NULL;                  //删除顶点 v 的邻接表；
    for( i = 0 ; i < n ){               //遍历其他顶点的邻接表,将连接 v 的边结点删除
        if (i == adjvex) continue;
        if    (GL[i] - >adjvex == adjvex){
            GL[i] = GL[i] - >next ;
            continue;
        }
        p = GL[i];
        q = GL[i] - >next;
        while(q ){
            if (q - >adjvex == adjvex){
                p - >next = q - >next ;
                q = p - >next ;
                break;
            }
            else{
                p = q;
                q = p - >next ;
            }          //else
        }              //while
    }                  //for
}
```

第二篇

数据结构进阶

第6章　线性表和栈的应用

6.1　知识点概述

6.1.1　线性表的应用——多项式计算

线性表是最简单、最常用的一种数据结构，是属于线性结构。线性表的抽象数据类型定义如下：

```
ADT LinearList is
    Data：
        n(n≥0)个相同类型数据元素 a₁, a₂, …, aₙ构成的有限序列,用类型名 ListType 表示。
    Operation：
        void  InitList( ListType &L);        //初始化 L 为空
        void  ClearList( ListType &L);       //清除 L 中所有元素
        int   LenthList( ListType L);        //返回 L 的长度
        bool  EmptyList( ListType L);        //判断 L 是否为空,若空返回 1,否则返回 0
        ElemType  GetList( ListType L, int pos);     //返回 L 中第 pos 个元素的值
        void  TraverseList( ListType L);             //遍历输出 L 中的所有元素
        bool  FindList( ListType L, ElemType item);
            //从 L 中查找元素 item,若查找成功返回 1,否则返回 0
        bool  InsertList( ListType &L, ElemType item, int pos);
            //向 L 插入元素 item,并返回是否插入成功。1≤pos≤n 时插在第 pos 位置;
            //pos = -1 时插在表尾;pos = 0 时插在有序表的适当位置,使保持有序
        bool  DeleteList( ListType &L, ElemType &item, int pos);
            //从 L 删除元素,被删元素赋给 item,并返回是否删除成功。
            //1≤pos≤n 时删除第 pos 位置上的元素;pos = -1 时删除表尾元素;
            // pos = 0 时删除指定元素 item
        void  SortList( ListType &L);        //对 L 中的元素进行排序
end LinearList
```

线性表的应用非常广泛,其中多项式的表示与计算是线性表应用的一个典型实例。

1. 多项式的线性表表示

数学上,一元 n 次多项式一般可表示为：

$$P(x) = a_0 + a_1 x + a_2 x^2 + \cdots + a_n x^n$$

其中：n 为整数，n≥0,系数 $a_0 \sim a_{n-1}$可以为 0 也可以不为 0,但 $a_n \neq 0$。

用线性表表示多项式的一种方法是：把所有的系数用一个线性表来表示，即用线性表 $(a_0, a_1, \cdots, a_n)$ 表示 $P(x) = a_0 + a_1 x + a_2 x^2 + \cdots + a_n x^n$。如多项式 $P(x) = 2 + 4x - 8x^3 - x^5$ 可表示为：$(2, 4, 0, -8, 0, -1)$。但如多项式 $P(x) = 1 + 7x^{10000} + 4x^{15000}$，它的线性表表示为：$(1, 0, \cdots, 0, 7, 0, \cdots, 0, 4)$，共需存储 14998 个 0，太浪费空间了。

因此，我们常用另一种方法表示多项式：采用存储非零系数与相应指数的方法。即把一元 n 次多项式改写为：$P(x) = p_1 x^{e1} + p_2 x^{e2} + \cdots + p_m x^{em}$，其中：$p_i$ 为非零系数，$0 \leqslant e1 < e2 < \cdots < em = n$。用线性表 $((p_1, e1), (p_2, e2), \cdots, (p_m, em))$ 表示 $P(x) = p_1 x^{e1} + p_2 x^{e2} + \cdots + p_m x^{em}$。如多项式 $P(x) = 1 + 7x^{10000} + 4x^{15000}$ 可表示为：$((1, 0), (7, 10000), (4, 15000))$。

把上述线性表用顺序存储结构或链接存储结构保存起来，就可以进行多项式的有关运算了。

2. 多项式的运算

多项式的常用运算有多项式求值与两个多项式相加、相减、相乘等。在编写多项式算法前首先需确定存储结构。多项式线性表 $((p_1, e1), (p_2, e2), \cdots, (p_m, em))$ 可以用顺序存储结构或链接存储结构来实现，其中线性表的每个数据元素需包含多项式的系数与指数这一对信息。

用顺序存储结构存储多项式的类型定义可描述为：

```
typedef struct {
    double coef;    //多项式系数
    int exp;        //多项式指数
} ElemType;   //多项式的一项数据
typedef   struct
{
    ElemType * list;       //动态存储空间（数组）的首地址
    int size;              //当前元素的个数
    int MaxSize;           //动态存储空间的大小
} SeqList;   //多项式顺序表
```

用链接存储结构存储多项式的类型定义可描述为：

```
typedef struct {
    double coef;    //多项式系数
    int exp;        //多项式指数
} ElemType;   //多项式的一项数据
typedef   struct Node   {
    ElemType data;
    struct Node * next;
} LNode;   //多项式链表结点
```

6.1.2　栈的应用——算术表达式的计算

栈是一种操作受限的线性表，即只允许在线性表的固定一端（表尾）进行插入或删除。允许进行插入、删除的这一端称为栈顶，另一端称为栈底。栈的抽象数据类型定义如下：

```
ADT STACK is
    Data：n(n≥0)个相同类型数据元素 a₁，a₂，…,aₙ构成的有限序列,用类型名 StackType 表示。
```

```
Operation::
    InitStack (StackType &S);              //构造一个空栈 S
    int EmptyStack (StackType S);           //若栈 S 为空栈返回 1,否则返回 0
    void Push(StackType &S, ElemType item);      //元素 item 进栈
    ElemType Pop(StackType &S);          //栈 S 的栈顶元素出栈并返回
    ElemType Peek(StackType S);          //取栈 S 的当前栈顶元素并返回
    void ClearStack (StackType &S);        //清除栈 S,使成为空栈
end STACK
```

顺序存储结构的堆栈称为顺序栈,链式存储结构的堆栈称为链栈。栈的应用非常广泛,它是各种计算机软件系统中应用最广泛的数据结构之一。在计算机中进行算术表达式的计算就是通过栈来实现的。

1. 算术表达式的表示

通常书写的算术表达式是由操作数、运算符和括号连接而成的式子,且双目运算符出现在两个操作数的中间,这种算术表达式称为中缀表达式。中缀表达式的计算较复杂,计算时需考虑括号、运算符优先级等。

算术表达式的另一种表示方法是把运算符放在两个操作数的后面,称为后缀表达式(又称逆波兰式),如中缀表达式 $(12+78)-36 / 2$ 对应的后缀表达式为 $12\ 78+36\ 2\ /-$。在后缀表达式中,不存在括号与运算符优先级,计算过程完全按运算符出现的先后次序进行,整个计算过程从左到右进行,计算较简单。后缀表达式适合用计算机处理。

中缀表达式转换成对应的后缀表达式的规则是:把每个运算符移到两个操作数后。中缀表达式转换成对应的后缀表达式后,操作数的次序不变。如中缀表达式 $3 / 5+6$ 对应的后缀表达式为 $3\ 5 / 6+$,$2*(x+y)/(x-y)$ 对应的后缀表达式为 $2\ x\ y+*x\ y-/$。

2. 后缀表达式的求值

后缀表达式的求值比较简单,扫描一遍即可完成。计算过程中需使用一个栈来存放操作数、中间结果及最后结果。

后缀表达式求值算法的基本思路是:从左到右扫描以字符串方式存储的后缀表达式,若遇操作数,则先把数字字符串形式的操作数转换成浮点数值类型,然后把该操作数推进栈;若遇操作符,则先做两次出栈操作,把第一次出栈的作为左操作数,第二次出栈的作为右操作数,进行相应的运算后将结果推入栈。后缀表达式扫描处理完毕后,最后栈里仅存的一个值即结果值。

根据上述求值算法的基本思想,图 6.1 表示了计算后缀表达式 $12.5\ 2.5+18\ 2\ /-$ 时栈的变化过程。

3. 把中缀表达式转换成后缀表达式

扫描一遍中缀算术表达式即可完成中缀表达式到后缀表达式的转换。中缀表达式转换成对应的后缀表达式后,操作数的次序不变,运算符的次序改变了,同时去掉了所有的括号。转换过程中需使用一个栈来存放运算符,用来保存扫描中缀表达式时遇到的暂不能输出到后缀表达式中的运算符。栈底预存优先级最低的@。运算符的优先级这样定义:*、/ 的优先级最高,+、-其次,@、(的优先级最低。

中缀表达式转换成后缀表达式算法的基本思路是:从左到右扫描中缀表达式的每个字符,

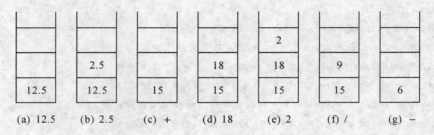

图 6.1   计算后缀表达式时栈的变化过程

若遇操作数,则直接输出到后缀表达式;若遇"(",则进栈;若遇")",则依次将栈顶运算符出栈并输出到后缀表达式,直至遇到"(","("出栈;若遇运算符,且优先级大于栈顶元素,则入栈,否则依次将优先级大于等于该运算符的栈顶元素出栈并输出到后缀表达式,再将该运算符进栈。扫描完毕后,将栈中的运算符依次出栈并输出到后缀表达式直至遇到@。

根据上述将中缀表达式转换成后缀表达式算法的基本思想,图 6.2 表示了转换中缀表达式(12+78)−36/2 * 3 成后缀表达式 12 78+36 2 / 3 * 一时栈的变化过程。

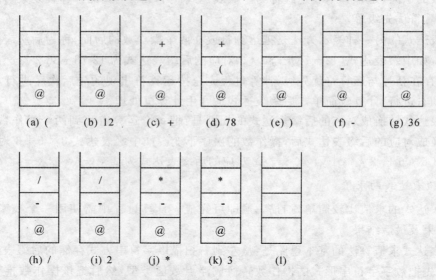

图 6.2   转换中缀表达式时栈的变化过程

6.2   实验项目

6.2.1   线性表的应用——多项式计算实验

1. 实验目的

(1)进一步掌握线性表的基本操作的实现;

(2)掌握线性表的典型应用——多项式表示与计算。

2. 实验内容

(1)设用线性表((a1, e1), (a2, e2), …, (am, em)表示多项式 $P(x) = a1 * x^{e1} + a2 * x^{e2}$

$+\cdots+am*x^{em}$,其中:a1～am 为非零系数,$0\leqslant e1<e2<\cdots..<em$,请编写用链式存储结构(带表头附加结点的单链表)存储该多项式时,多项式基本操作的实现函数。多项式基本操作应包括初始化多项式、清除多项式、输出多项式、插入一项、删除一项、多项式求值、多项式相加等。要求:把多项式线性表的结构定义及多项式基本操作实现函数存放在头文件 Linkpoly. h 中,主函数存放在主文件 test6_1. cpp 中,在主函数中通过调用 Linkpoly. h 中的函数进行测试。

(2)选做:编写用顺序存储结构存储多项式时,多项式基本操作的实现函数。要求:把多项式线性表的结构定义及多项式基本操作实现函数存放在头文件 Seqpoly. h 中,在主文件 test6_1. cpp 中增加相应测试语句对 Seqpoly. h 中的函数进行测试。

(3)填写实验报告。

3. 实验提示

(1)链式存储结构定义

```
typedef struct {
    double coef;    //多项式系数
    int exp;        //多项式指数
} ElemType;
typedef  struct Node    {
    ElemType data;
    struct Node * next;
} LNode;  //多项式链表结点
```

(2)多项式基本操作实现函数框架(链式存储结构)

```
void InitPoly(LNode * &P)
{    //初始化多项式
    ……
}

void ClearPoly(LNode * &P)
{    //清除多项式
    ……
}

void TraversePoly(LNode * P)
{    //遍历多项式
    ……
}

bool InsertPoly(LNode * P, double a, int e)
{    //插入一项到多项式,该项系数为 a,指数为 e。
    //若插入成功函数值返回 True,否则返回 False
    ……
}

bool DeletePoly(LNode * P, int pos, double &a, int &e)
{    //删除多项式第 pos 项,该项系数由 a 返回,指数由 e 返回。
    //若删除成功函数值返回 True,否则返回 False
```

......

}

```
double PolySum(LNode * P, double x)
{    //求多项式 P(x)的值,该值作为函数值返回
     ......
}
LNode * PolyAdd (LNode * P1, LNode * P2)
{    //将多项式 P1 和 P2 相加,多项式之和作为函数值返回
     ......
}
```

(3)多项式(带表头附加结点的单链表)初始化操作函数样例

```
void InitPoly(LNode * &P)
{    //构造一个只包含表头附加结点的多项式单链表 P,即置多项式为空
     P = new LNode;        // 产生头结点 P
     if (!P)   exit(0);       // 存储分配失败,退出系统
     P - >next = NULL;        // 指针域为空
}
```

6.2.2　栈的应用——算术表达式的计算实验

1. 实验目的

(1)进一步掌握栈的基本操作的实现;

(2)掌握栈在算术表达式的计算方面的应用。

2. 实验内容

(1)编写程序利用栈将中缀表达式转换成后缀表达式,即从键盘输入任一个中缀表达式(字符串形式),转换成后缀表达式后,将后缀表达式输出。要求:把栈的基本操作的实现函数存放在头文件 stack1. h 中(栈元素的类型为 char),在主文件 test6_2. cpp 中包含将中缀表达式 S1 转换成后缀表达式 S2 的转换函数 void Change(char * S1, char * &S2)及主函数,在主函数中进行输入输出及转换函数的调用。

(2)选做:编写利用栈对后缀表达式进行求值的函数 double Compute(char * str),以计算从前述程序得到的后缀表达式的值。要求:把栈的基本操作的实现函数存放在头文件 stack2. h 中(栈元素的类型为 double),在主文件 test6_2. cpp 中添加后缀表达式求值函数,并在主函数中增加调用求值函数及输出结果值的语句。

(3)填写实验报告。

3. 实验提示

主程序文件框架(包含选做部分)

```
# include <iostream. h>
# include <stdlib. h>

# define MaxSize 10;
```

```
typedef char ElemType1;
struct Stack1 {
    ElemType1 * stack;
    int top;
    int MaxSize;
}
# include "stack1.h"

typedef double ElemType2;
struct Stack2 {
    ElemType2 * stack;
    int top;
    int MaxSize;
}
# include "stack2.h"

void Change( char * S1, char * &S2)
{
    ......
}


double Compute(char * str)
{
    ......
}


void main(void)
{
    char x[30], y[30];
    double r;
    cout<< "请输入一个中缀算术表达式 :" <<endl;
    cin>>x;
    Change(x, y);
    cout<< "对应的后缀算术表达式为 :" <<endl;
    cout<<y<<endl;
    r = Compute(y);
    cout<< "后缀算术表达式值为 :" <<r<<endl;
}
```

6.3　习题范例解析

1.选择题:后缀表达式求值算法中,需使用栈存放_____。

（A）操作数　　　　　　　　　　　　（B）运算符

（C）操作数与运算符　　　　　　　　（D）以上都不对

【答案】　A

【解析】　后缀算术表达式的求值比较简单,只要从左到右扫描一遍表达式,按扫描时遇到的运算符的先后次序进行运算即可,即若遇到运算符,就对该运算符左边的两个操作数进行相应的运算(假设都是双目运算符),其结果值取代原来的两个操作数与运算符置于原位置上。因此,为实现后缀表达式的求值算法,就需使用栈,把从左到右扫描时遇到的操作数入栈,一旦遇到运算符,就把两个栈顶元素依次出栈,进行相应的运算后再把结果值入栈。所以,栈里存放的是操作数(包括中间结果、最后结果),而不是运算符。

2. 填空题:与中缀表达式 $13-((12*3-2)/4+34*5/7)+99/9$ 等价的后缀表达式为 ＿＿＿＿＿＿＿ 。

【答案】　$13\ 12\ 3*2-4/34\ 5*7/+-99\ 9/+$

【解析】　后缀表达式是将运算符写在两个操作数之后的式子。转换规则如下:

(1)从左到右扫描表达式,若读到的是操作数,则直接把它输出;若读到的是运算符,则:

① 该运算符为"(",则直接入栈;

② 该运算符为")",则输出栈中运算符,直到遇到"("为止,"("出栈;

③ 该运算符为非括号运算符,则与栈顶元素做优先级比较:若优先级高于或等于栈顶元素,则直接入栈;否则依次输出各栈顶元素,直至遇到优先级比它低的栈顶元素为止,这时将该运算符入栈。

(2)当表达式扫描完后若栈中还有运算符,则依次输出运算符,直到栈空。

3. 应用题:多项式 $P(x)=a_0+a_1x+a_2x^2+\cdots+a_nx^n$ 的线性表表示法有下列两种可能的形式:

(1)$P=(a_0,\ a_1,\ \cdots,\ a_n)$

(2)$P=((p_1,\ e1),\ (p_2,\ e2),\ \cdots,\ (p_m,\ em))$,其中:多项式改写为 $P(x)=p_1x^{e1}+p_2x^{e2}+\cdots+p_mx^{em}$,$p_i$ 为非零系数,$0\leqslant e1<e2<\cdots<em=n$

试问:要进行多项式相加,采用哪一种方法处理较为简单。

【答案】　采用第一种方法较为简单。因为使用第一种方法进行多项式相加时,只需将两个多项式各系数(即线性表各元素)分别相加即可;而第二种方法要查找到相同的指数项才能将系数相加,相加之和若为0,该项需删除,若某个多项式中的某指数项在另一个多项式中没有,则需将该项复制到目的多项式中。

【解析】　第一种表示方法需要 $n+1$ 个存储单元,第二种表示方法需要 $2m$ 个存储单元,当多项式非零系数较少时(即 $m<(n+1)/2$ 时),采用第二种方法将能节省较多的存储空间。但是从多项式相加算法处理的简单性来说,第一种方法却更为简单。

6.4　习　　题

6.4.1　选择题

1.多项式表示与求值是 ＿＿＿＿＿＿ 的典型实例。

(A)树形结构应用　　　　　　　　(B)线性表应用

(C)图结构应用　　　　　　　　　(D)顺序结构应用

2.对于稀疏多项式的存储,在计算机中通常采用存储多项式的＿＿＿＿＿＿的方法。

(A)所有系数　　　　　　　　　　(B)所有指数

(C)非零系数与相应指数　　　　　(D)以上都不对

3.多项式 $p(x) = a - bx^2 + cx^5 - dx^{12}$ 在计算机中适合用下述哪一种方式表示＿＿＿＿＿＿＿
＿＿＿。

(A)((a,0),(−b,2),(c,5),(−d,12))

(B)(a, 0,−b, 0, 0, c, 0, 0, 0, 0, 0, 0,−d)

(C)((a,0),(0,1),(−b,2),(0,3),(0,4),(c,5),(0,6),(0,7),(0,8),(0,9),(0,10),
(0,11),(−d,12))

(D)以上方法都不好

4.在计算机中算术表达式的计算是通过＿＿＿＿＿＿来实现的。

(A)树　　　　　(B)图　　　　　(C)队列　　　　　(D)栈

5.运算符放在两个运算对象后面的算术表达式称为＿＿＿＿＿＿。

(A)前缀表达式　　(B)中缀表达式　　(C)后缀表达式　　(D)波兰式

6.把中缀表达式转换成后缀表达式后,＿＿＿＿＿＿。

(A)操作数的次序保持不变　　　　(B)操作符的次序保持不变

(C)操作数、运算符的次序均不变　　(D)操作数、运算符的次序均改变

7.后缀表达式求值算法中,需使用栈存放＿＿＿＿＿＿＿。

(A)操作数　　　　　　　　　　　(B)运算符

(C)操作数与运算符　　　　　　　(D)以上都不对

8.在中缀表达式转换成后缀表达式的算法中,需使用栈存放＿＿＿＿＿＿＿。

(A)操作数　　　　　　　　　　　(B)运算符

(C)操作数与运算符　　　　　　　(D)以上都不对

选择题答案:

1. B　　　2. C　　　3. A　　　4. D

5. C　　　6. A　　　7. A　　　8. B

6.4.2　填空题

1.多项式 $p(x) = 5 + 3x^4 - 4x^8 + 9x^{20}$ 用线性表表示为＿＿＿＿＿＿＿＿＿。

2.写出多项式 $p(x) = -6x + 2x^3 + 5x^7$ 的两种线性表表示形式＿＿＿＿＿＿＿。

3.中缀表达式 12＋(3 ＊ (20/4)−8) ＊ 6 对应的后缀表达式为＿＿＿＿＿＿＿。

4.后缀表达式 15　9　−　4　3　＋　＊ 的值为＿＿＿＿＿。

5.在中缀表达式转换成后缀表达式的算法中,需使用栈存放＿＿＿＿＿＿＿。

6.后缀表达式求值算法中,需使用栈存放＿＿＿＿＿＿＿。

填空题答案:

1.((5,0),(3,4),(−4,8),(9,20))

2.第一种:(0,−6, 0, 2, 0, 0, 0, 5),第二种:((−6,1),(2,3),(5,7))

3.12 3 20 4 / ＊ 8−6 ＊＋

4.42

5.运算符

6.操作数

6.4.3　应用题

1. 画出借助栈计算后缀表达式 12　3　20　4　/　＊　8　—　6　＊　＋的过程(即栈中数据变化的示意图)。

2. 画出借助栈将中缀表达式 a＋(b—c／d)＊e 转换成后缀表达式的过程(即栈中数据变化的示意图)。

应用题答案:

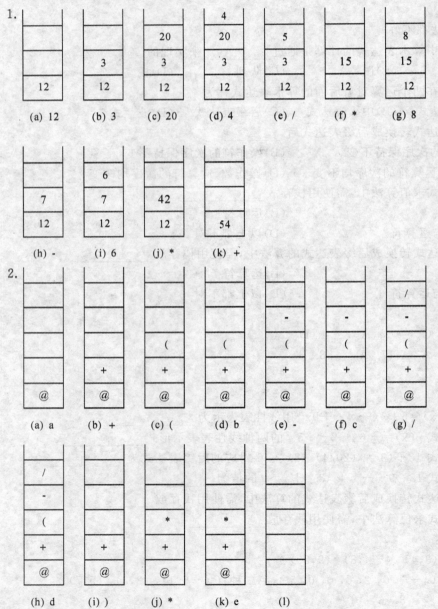

6.4.4　算法设计题

1.设计一个算法,将一个用单链表表示的稀疏多项式 head 分解成两个多项式链表 odd 与 even,使这两个多项式中各自仅含奇数指数项或偶数指数项,并要求利用原链表中的结点空间来构成这两个链表。

2.设多项式 $P(x)=c1*x^{e1}+c2*x^{e2}+\ldots+cm*x^{em}$ 用线性表$((c1,e1),(c2,e2),\cdots,(cm,em))$表示,其中 $0\leqslant e1<e2<\ldots<em, c1,c2,\ldots,cm$ 均不为 0。若该线性表用带表头附加结点的单链表存储,试编写求其导函数的算法,要求利用原多项式空间存放结果多项式并释放无用结点。提示:$P(x)$的导函数为 $P'(x)=c1*e1*x^{e1-1}+c2*e2*x^{e2-1}+\cdots+cm*em*x^{em-1}$。

3.已知稀疏多项式 $P_n(x)=c1*x^{e1}+c2*x^{e2}+\ldots+cm*x^{em}$ 用线性表$((c1,e1),(c2,e2),\cdots,(cm,em))$ 表示,其中 $0\leqslant e1<e2<\ldots<em=n, c1,c2,\ldots,cm$ 均不为 0。若线性表采用顺序存储结构存储,请编写求 $P(x)=P_{n1}(x)-P_{n2}(x)$ 的算法,要求将结果多项式存放在新辟的空间中。

4.设算术表达式由单字母变量和双目四则运算符构成,试写一个算法,将一个非空后缀算术表达式转换为前缀算术表达式。设表达式以字符串形式存储。

算法设计题答案:

1.【算法分析】

稀疏多项式单链表的每个结点保存的是多项式每一非零系数项的系数值及指数值,结点按指数值递增次序排列,该算法的思路如下:

(1)首先分别建立奇数指数项链表头结点 odd 与偶数指数项链表头结点 even(为方便处理)。

(2)然后依次处理原多项式链表的各结点。若指数域为奇数,则将该结点挂到 odd 链上,否则挂到 even 链上。

(3)原多项式链表处理完毕后,最后分别将 odd 与 even 两个链表的尾结点的指针域置为NULL,同时删除各自链表的头结点。

【算法源代码】

```c
struct ElemType {
    double coef;
    int exp;
};
typedef struct node {
    ElemType data;
    struct node * next;
} LNode;
void Poly(LNode * &head, LNode * &odd, LNode * &even)
{   //将单链表 head 分解成 odd 与 even 两个单链表
    LNode * p1, * p2;
    odd = new LNode;    //申请头结点
    even = new LNode;   //申请头结点
    p1 = odd;
```

```
        p2 = even;
        while (head ! = NULL) {    //扫描原多项式链表
            if (head - >data.exp % 2 ! = 0) {    //将结点挂到 odd 链的尾部
                p1 - >next = head;
                p1 = head;
            }
            else   {   //将结点挂到 even 链的尾部
                p2 - >next = head;
                p2 = head;
            }
            head = head - >next;
        }
        p1 - >next = NULL;
        P2 - >next = NULL;
        p1 = odd;   odd = odd - >next;   delete p1;   //删除 odd 头结点
        p2 = even;   even = even - >next;   delete p2;     //删除 even 头结点
}
```

2.【算法分析】

因为多项式是用带表头附加结点的单链表存储,所以需从表头附加结点的下一结点开始处理。处理时有一特殊情况需考虑,即第一项有可能为常数项(注意:由于多项式各项是按指数由小到大排列的,如存在常数项,必为第一项),常数项求导后值为 0,需将该结点删除。其余结点只要一一取出数据进行修改即可。

【算法源代码】

```
struct ElemType {
    double coef;
    int exp;
};
typedef struct node {
    ElemType data;
    struct node * next;
} LNode;
void Poly(LNode * P)
{
    LNode   * q = p - >next;
    if (q == NULL)     //空表
        return;
    if (q - >exp == 0)) {   //指数为 0 的项(即常数项)求导后为 0,需删除该结点
        p - >next = q - >next;
        free(q);
        q = p - >next;
    }
    while( q ! = NULL) {   //循环处理各后继结点
        q - >data.coef = q - >data.coef * q - >data.exp;
```

```
        q - >data.exp-- ;
        q = q - >next;
    }
}
```

3.【算法分析】

依次比较两个多项式的每一项的指数值,若指数值相同,则将系数相减,若差不为 0,则构成新的一项加入到结果多项式中;若指数值不相同,则将指数值小的这项复制到结果多项式中。当某个多项式的每一项都处理完后,则将另一个多项式的剩余项——复制到结果多项式中。

【算法源代码】

```
typedef struct {
    double coef;      //多项式系数
    int exp;          //多项式指数
} ElemType;
typedef struct {
    ElemType * list;       //动态存储空间(数组)的首地址
    int size;              //当前元素的个数
    int MaxSize;           //动态存储空间的大小
} SeqList;   //多项式顺序表
void PolySub( SeqList &P, SeqList P1, SeqList P2 )
{   // 将多项式 P1 与 P2 相减,结果值赋给多项式 P,即 P(x) = P1(x) - P2(x)
    int i = 0, j = 0, k = 0;
    double r;
    while( i<P1.size && j<P2.size ) {
        // 依次比较 P1 与 P2 的每一项,直至某多项式处理完毕
        if( P1.list[i].exp == P2.list[j].exp ) {   // P1 与 P2 指数值相同的情况
            r = P1.list[i].coef - P2.list[j].coef;
            if (r) {
                P.list[k].exp = P1.list[i].exp;
                P.list[k].coef = r;
                k++ ;
            }
            i++ ;  j++ ;
        }
        else if( P1.list[i].exp < P2.list[j].exp ) {   // P1 指数值小于 P2 指数值的情况
            P.list[k].exp = P1.list[i].exp;
            P.list[k].coef = P1.list[i].coef;
            k++ ;  i++ ;
        }
        else {   // P2 指数值小于 P1 指数值的情况
            P.list[k].exp = P2.list[j].exp;
            P.list[k].coef = P2.list[j].coef;
            k++ ;  j++ ;
```

```
        }
    }
    while( i<P1.size ) {    // 复制 P1 剩余项到 P
        P.list[k].exp = P1.list[i].exp;
        P.list[k].coef = P1.list[i].coef;
        k++ ;  i++ ;
    }
    while( j<P2.size ) {    // 复制 P2 剩余项到 P
        P.list[k].exp = P2.list[j].exp;
        P.list[k].coef = P2.list[j].coef;
        k++ ;  j++ ;
    }
    P.size = k;
}
```

4.【算法分析】

后缀算术表达式是将双目运算符写在两个操作数之后的式子,而前缀算术表达式是指双目运算符写在两个操作数之前的式子。在转换时,需设置一个数据元素为字符串的栈,以存放在分析后缀表达式过程中得到的子前缀表达式。算法思路为:顺序扫描后缀表达式,若遇到的字符是变量(即操作数),则该字符就是一个子前缀表达式,将其入栈;若遇到的字符是运算符 O,则将栈顶元素 D_1 与次栈顶元素 D_2 出栈,构成一个新的子前缀表达式 $O\ D_2\ D_1$ 后,将其入栈。后缀表达式处理完毕后,最后栈中还有一个数据元素(字符串)即为对应的前缀表达式。

【算法源代码】

```
void Change(char * S1, char * &S2)
{  //将后缀表达式 S1 转换成前缀表达式 S2
    char str[40], temp[40];
    int i = 0;
    Stack S;     // S 的数据元素类型为字符串
    InitStack(S);
    while (S1[i]) {  //扫描后缀表达式中的每个字符
        if( S1[i] == ' ' )  //跳过空格
            i++ ;
        else if( S1[i] == '+' || S1[i] == '-' || S1[i] == '*' || S1[i] == '/') {
        //当前字符是运算符
            str[0] = S1[i];
            str[1] = '\0';      //将运算符构成字符串赋给字符串变量
            temp = Pop(S);      //右操作数出栈
            strcat( str, Pop(S) );  //左操作数出栈,并连接到运算符后
            strcat( str, temp );    //将右操作数连接到运算符及左操作数后
            Push(S, str);      //将子前缀表达式入栈
            i++ ;
        }
        else {  //当前字符是单字母变量(操作数),则构成字符串后入栈
            str[0] = S1[i];
```

```
            str[1] = '\0';
            Push(S, str);
            i++ ;
        }
    }
    S2 = Pop(S);    //将栈中的最后一个数据元素即最终的前缀表达式出栈,赋给 S2
    if (!EmptyStack(S)) {
        cerr<<"error"<<endl;
        exit(1);
    }
}
```

第7章 稀疏矩阵和广义表

7.1 知识点概述

7.1.1 稀疏矩阵

1. 稀疏矩阵的定义

稀疏矩阵是矩阵中的一种特殊情况，其非零元素的个数远远少于零元素的个数。如图7.1就是一个6行7列的稀疏矩阵。

$$
A_{6\times7} = \begin{bmatrix}
0 & 0 & 0 & 22 & 0 & 0 & 15 \\
0 & 11 & 0 & 0 & 0 & 17 & 0 \\
0 & 0 & 0 & -6 & 0 & 0 & 0 \\
0 & 0 & 0 & 0 & 0 & 39 & 0 \\
91 & 0 & 0 & 0 & 0 & 0 & 0 \\
0 & 0 & 28 & 0 & 0 & 0 & 0
\end{bmatrix}
$$

图 7.1 稀疏矩阵

在计算机中存储矩阵一般采用的是二维数组，但稀疏矩阵若用二维数组存储则需花费大量的空间来存储零元素，这样太浪费空间了。故稀疏矩阵的存储一般只考虑存储非零元素，每个非零元素由行、列、值三元组(i, j, a_{ij})表示，把所有的三元组按以行号为主序、列号为辅序的次序排列（即行号相同时再考虑列号），构成一个表示稀疏矩阵的三元组线性表。三元组线性表可以用顺序或链接方式存储。图 7.1 所示的稀疏矩阵对应的三元组线性表表示为：

$((1,4,22), (1,7,15), (2,2,11), (2,6,17), (3,4,-6), (4,6,39), (5,1,91), (6,3,28))$

稀疏矩阵的抽象数据类型定义如下：

```
ADT SpaseMatrix is
    Data：用三元组线性表表示的稀疏矩阵，用类型名 SMatrix 表示。
    Operation：
        void InitMatrix(SMatrix &M);                //初始化稀疏矩阵 M 为空矩阵
        SMatrix Transpose(SMatrix M);               //求稀疏矩阵 M 的转置矩阵并返回
        SMatrix Add(SMatrix M1, SMatrix M2);        //求稀疏矩阵 M1 和 M2 之和并返回
        SMatrix Multiply(SMatrix M1, SMatrix M2);   //求稀疏矩阵 M1 和 M2 之积并返回
        void InputMatrix(SMatrix &M, int m, int n); //输入一个 m 行 n 列稀疏矩阵给 M
        void OutputMatrix(SMatrix M);               //按一定格式输出稀疏矩阵 M
```

end SpaseMatrix

这里列出的稀疏矩阵的基本操作是稀疏矩阵中一些常见的基本操作,读者可以根据需要添加一些别的基本操作。

2. 稀疏矩阵的存储结构

稀疏矩阵的存储结构包括顺序存储结构和链接存储结构两种。存储内容为三元组线性表及其行数、列数、非零元的个数这三个整型量。

(1)顺序存储

稀疏矩阵的顺序存储就是用顺序存储结构存储三元组线性表,即用一维数组存储三元组线性表,数组的每个元素对应一个非零元的三元组。

稀疏矩阵的顺序存储结构类型定义可表示为:

```
typedef struct  {              //非零元的三元组结构定义
    int row, col;              //非零元的行号、列号
    ElemType val;              //元素值
} Triple;
typedef struct  {              //稀疏矩阵的顺序存储结构定义
    int m, n, t;               //矩阵的行数、列数及非零元素个数
    Triple sm[MaxTerms + 1];   //三元组线性表,从 sm[1]开始存放
} SMatrix;
```

(2)链接存储

稀疏矩阵的链接存储就是用链接结构存储三元组线性表,常用的链接存储方法包括带行指针向量的链接存储与十字链接存储。

带行指针向量的链接存储:稀疏矩阵每一行的非零元三元组结点按列号从小到大次序链接成一个单链表,每个单链表都有一个头指针,用一个行指针向量(即一维数组)保存所有单链表的头指针(即第 i 个分量存储第 i 行对应的单链表的头指针)。带行指针向量的链接存储结构类型定义可表示为:

```
typedef struct Node {          //非零元的三元组结点定义
    int row, col;              //非零元的行号、列号
    ElemType val;              //元素值
    struct Node * next;        //指向同一行的下一个结点
} TripleNode;
typedef struct {               //带行指针向量的链接存储结构定义
    int m, n, t;               //矩阵的行数、列数及非零元素个数
    TripleNode * vector[MaxRows + 1];   //行指针向量,从 vector[1]开始存放
} LMatrix;
```

图 7.1 所示的稀疏矩阵对应的带行指针向量的链接存储结构示意图如图 7.2 所示。

十字链接存储:既带行指针向量又带列指针向量的链接存储,即每一个非零元三元组结点同时位于行单链表与列单链表两个单链表中。十字链接存储结构类型定义可表示为:

```
typedef struct Node {                    //非零元的三元组结点定义
    int row, col;                        //非零元的行号、列号
    ElemType val;                        //元素值
```

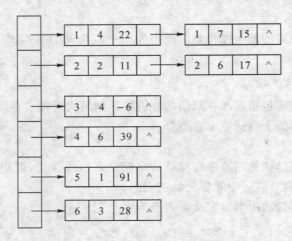

图 7.2　带行指针向量的链接存储结构示意图

```
    struct Node * right, * down;              //分别指向同一行的下一个结点、同一列的下一个结点
} CrossNode;
typedef struct {                             //十字链接存储结构定义
    int m, n, t;                             //矩阵的行数、列数及非零元素个数
    CrossNode * rv[MaxRows + 1];             //行指针向量,从 rv[1]开始存放
    CrossNode * cv[MaxColumns + 1];          //列指针向量,从 cv[1]开始存放
} CLMatrix;
```

图 7.1 所示的稀疏矩阵对应的十字链接存储结构示意图如图 7.3 所示。

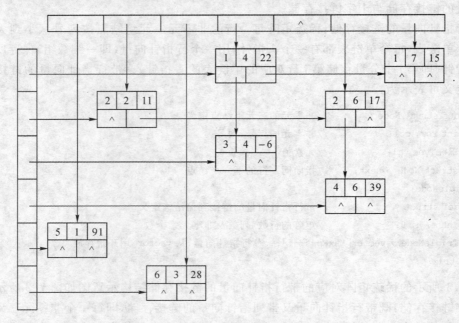

图 7.3　十字链接存储结构示意图

7.1.2　广义表

1. 广义表的定义

广义表是线性表的推广。一个广义表是 $n(n \geqslant 0)$ 个数据元素 a_1，a_2，$\cdots$，a_n 构成的一个有限序列,其数据元素可以是某一确定类型的单个元素(称为单元素),也可以是广义表(称为子表或表元素)。广义表的定义是递归的,广义表是一种递归的数据结构。

广义表一般可表示为:$L = (a_1$，a_2，$\cdots$，$a_n)$,其中,L 表示广义表的名称;n 表示广义表所含元素的个数,称为广义表的长度,当 $n = 0$ 时称为空表。为了把单元素与表元素区分开来,通常用小写字母表示单元素,大写字母表示表元素,如:A $=$ ( ),B $=$ (d),C $=$ (a, (b,c)),D $=$ (A, B, C) $=$ ((), (d), (a,(b,c)))。广义表有时还可以直接把名称写在表的前面,如上述 4 个广义表还可以表示为:A( ),B(d),C(a, (b,c)),D(A(), B(d), C(a,(b,c)))。

通常把括号嵌套的最大层次数称为广义表的深度,如表 A 和 B 的深度为 1,C 的深度为 2,D 的深度为 3。广义表非空时,第一个元素称为表头,其余元素构成的表称为表尾,如表 B 的表头为 d,表尾为();表 C 的表头为 a,表尾为((b,c));表 D 的表头为 A,表尾为(B, C)。

广义表的抽象数据类型定义如下:

```
ADT GeneralizeList is
    Data:n(n≥0)个数据元素 a₁，a₂，…，aₙ构成的有限序列,数据元素 aᵢ可以是单元素,也可以是
        子表(或称为表元素),用类型名 GListType 表示。
    Operation:
        void Create(GListType &GL);        //创建一个广义表 GL
        void Print(GListType GL);          //输出广义表 GL
        int Lenth(GListType GL);           //求广义表 GL 的长度并返回
        int Depth(GListType GL);           //求广义表 GL 的深度并返回
end GeneralizeList
```

广义表还可以有其他一些基本操作,但已超出本课程教学范围,故不予以列举。

2. 广义表的存储结构

广义表是一种递归的数据结构,其存储结构一般适宜采用链接结构。广义表的数据元素有单元素与表元素之分,所以链接存储结构有两种类型的结点,即单元素结点与表元素结点,结点结构类型定义可描述如下:

```
typedef struct Node {
    int tag;                        //标志域,0 代表单元素结点,1 代表子表结点
    union {
        ElemType data;              //若是单元素,存放元素值
        struct Node * sublist;      //若是子表,指向子表的第一个结点
    };
    struct Node * next;             //指向后继结点
} GLNode;
```

图 7.4 给出了前述 4 个广义表的链接存储结构示意图。

广义表的链接存储结构还可以采用带表头附加结点的形式,即在表的第一个结点前增加

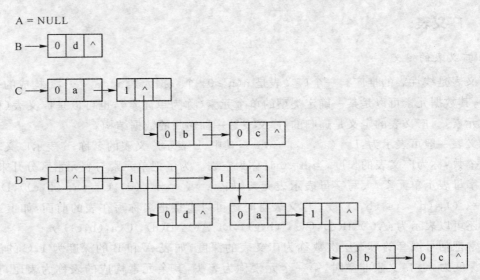

图 7.4　广义表的链接存储结构示意图

一个表头附加结点。增加表头附加结点可以使广义表的某些运算便于实现。图 7.5 给出了 A、C 两个广义表带表头附加结点的链接存储结构示意图。

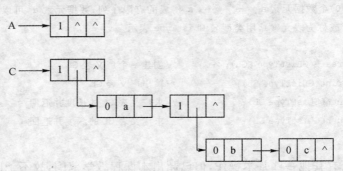

图 7.5　带表头附加结点的广义表链接存储结构示意图

7.2　实验项目

7.2.1　稀疏矩阵的顺序存储实验

1. 实验目的

(1)了解稀疏矩阵的三元组线性表存储方法;

(2)掌握稀疏矩阵采用顺序存储结构时基本操作的实现方法。

2. 实验内容

(1)编写稀疏矩阵采用顺序存储结构时基本操作的实现函数。基本操作包括:①初始化稀疏矩阵;②输入稀疏矩阵;③输出稀疏矩阵;④稀疏矩阵的相加运算。要求把稀疏矩阵的存储结构定义及基本操作实现函数存放在头文件 SeqMatrix. h 中,主函数 main() 存放在主文件 test7_1. cpp 中,在主函数中通过调用 SeqMatrix. h 中的函数进行测试。

（2）选做:编写稀疏矩阵的相乘运算实现函数,要求把该函数添加到头文件 SeqMatrix. h 中,并在主文件 test7_1. cpp 中添加相应语句进行测试。

（3）填写实验报告。

3. 实验提示

（1）顺序存储结构定义

```
typedef struct {
    int row, col;                    //非零元的行号、列号
    ElemType val;                    //元素值
} Triple;
typedef struct {
    int m, n, t;                     //矩阵的行数、列数及非零元素个数
    Triple sm[MaxTerms + 1];         //三元组线性表,从 sm[1]开始存放
} SMatrix;
```

（2）稀疏矩阵基本操作实现函数框架（包括选做函数）

```
void InitMatrix(SMatrix &M)
{   //初始化稀疏矩阵 M 为空矩阵
    …………
}
void InputMatrix(SMatrix &M, int m, int n)
{   //输入一个 m 行 n 列的稀疏矩阵给 M
    …………
}
void OutputMatrix(SMatrix M)
{   //输出稀疏矩阵 M
    …………
}
SMatrix Add(SMatrix M1, SMatrix M2)
{   //求稀疏矩阵 M1 和 M2 之和并返回
    ………………
}
SMatrix Multiply(SMatrix M1, SMatrix M2)
{   //求稀疏矩阵 M1 和 M2 之积并返回
    …………
}
```

7.2.2　稀疏矩阵的链接存储实验

1. 实验目的

（1）了解稀疏矩阵的三元组线性表存储方法;

（2）掌握稀疏矩阵采用链式存储结构时基本操作的实现方法。

2. 实验内容

(1)编写稀疏矩阵采用带行指针向量的链接存储结构时基本操作的实现函数。基本操作包括:①初始化稀疏矩阵;②输入稀疏矩阵;③输出稀疏矩阵;④稀疏矩阵的转置运算。要求把稀疏矩阵的存储结构定义及基本操作实现函数存放在头文件 LinkMatrix.h 中,主函数 main()存放在主文件 test7_2.cpp 中,在主函数中通过调用 LinkMatrix.h 中的函数进行测试。

(2)选做:编写稀疏矩阵的相乘运算实现函数,要求把该函数添加到头文件 LinkMatrix.h 中,并在主文件 test7_2.cpp 中添加相应语句进行测试。

(3)填写实验报告。

3. 实验提示

(1)带行指针向量的链接存储结构定义

```
typedef struct Node {
    int row, col;                        //非零元的行号、列号
    ElemType val;                        //元素值
    struct Node * next;                  //指向同一行的下一个结点
} TripleNode;
typedef struct {
    int m, n, t;                         //矩阵的行数、列数及非零元素个数
    TripleNode * vector[MaxRows + 1];    //行指针向量,从 vector[1]开始存放
} LMatrix;
```

(2)稀疏矩阵基本操作实现函数框架(包括选做函数)

```
void InitMatrix(LMatrix &M)
{   //初始化稀疏矩阵 M 为空矩阵
    …………
}
void InputMatrix(LMatrix &M, int m, int n)
{   //输入一个 m 行 n 列的稀疏矩阵给 M
    …………
}
void OutputMatrix(LMatrix M)
{   //输出稀疏矩阵 M
    …………
}
LMatrix Transpose(LMatrix M)
{   //求稀疏矩阵 M 的转置矩阵并返回
    ……………
}
LMatrix Multiply(LMatrix M1, LMatrix M2)
{   //求稀疏矩阵 M1 和 M2 之积并返回
    …………
}
```

7.2.3　广义表运算实验

1. 实验目的

(1)理解广义表的含义,了解广义表的存储方法;

(2)掌握广义表的一些简单的基本操作的实现方法。

2. 实验内容

(1)编写广义表采用不带表头附加结点的链接存储结构时基本操作的实现函数。基本操作包括:①创建一个广义表;②输出一个广义表;③求广义表的长度;④求广义表的深度。要求把广义表的存储结构定义及基本操作实现函数存放在头文件 GList.h 中,主函数 main()存放在主文件 test7_3.cpp 中,在主函数中通过调用 GList.h 中的函数进行测试。

(2)填写实验报告。

3. 实验提示

(1)结点结构类型定义

```
typedef struct Node {
    int tag;                        //标志域,0 代表单元素结点,1 代表子表结点
    union {
        ElemType data;              //若是单元素,存放元素值
        struct Node * sublist;      //若是子表,指向子表的第一个结点
    };
    struct Node * next;             //指向后继结点
} GLNode;
```

(2)广义表基本操作实现函数框架

```
void Create(GLNode * &GL)
{   //创建一个广义表 GL
    …………
}
void Print(GLNode * GL)
{   //输出广义表 GL
    …………
}
int Lenth(GLNode * GL)
{   //求广义表 GL 的长度并返回
    …………
}
int Depth(GLNode * GL)
{   //求广义表 GL 的深度并返回
    …………
}
```

(3)广义表是一种递归的数据结构,所以广义表的基本操作一般适合采用递归算法来实现。

7.3 习题范例解析

1.选择题:广义表((a, b, c, d))的表头和表尾分别是_____。

(A)(a, b, c, d) 和 (a, b, c, d)　　　　(B)a 和 d

(C)(a, b, c, d) 和 ()　　　　　　　　(D)a 和 ()

【答案】 C

【解析】 由广义表的表头和表尾定义可知,表头是第一个元素,表尾是其余元素构成的表。广义表((a, b, c, d))只有一个元素(a, b, c, d),故表头就是(a, b, c, d),而其余元素为空,故其余元素构成的表为(),这就是表尾。

2. 填空题:一个5行6列的稀疏矩阵用三元组线性表表示为((1,2,3),(2,4,1),(2,5,7),(3,2,6),(4,4,8),(4,6,1)),则它的转置矩阵可表示为_____。对它进行快速转置时,位置向量 pot 中各分量的值为_____。

【答案】 ((2,1 3),(2,3 6),(4,2,1),(4,4,8),(5,2,7),(6,4,1))

	1	2	3	4	5	6
pot[]	1	1	3	3	5	6

【解析】 稀疏矩阵用三元组线性表表示时,在求转置矩阵时不仅要把稀疏矩阵每个非零元素的行下标和列下标互换,还要调整次序,使得各元素在三元组线性表中以行号为主序、列号为辅序的次序排列(即行号相同时再考虑列号)。

在稀疏矩阵快速转置算法中,需要使用两个辅助数组 num 和 pot,num 用来统计原矩阵中每一列非零元素的个数(即新矩阵中每一行非零元素的个数),pot 用来存放新矩阵中每一行第一个非零元素在三元组顺序表中的位置(即数组下标),计算方法为:pot[1]=1,pot[i]=pot[i−1]+num[i−1](i>1 时)。

3. 应用题:将下列稀疏矩阵用三元组线性表形式表示,并画出它的顺序存储结构示意图。

$$\begin{pmatrix} 0 & 0 & 3 & 0 & 0 \\ 0 & 0 & 0 & 2 & 0 \\ 0 & 0 & 0 & 0 & 0 \\ 1 & 0 & 0 & 0 & 5 \\ 0 & 0 & 4 & 0 & 0 \\ 0 & 0 & 0 & 6 & 0 \end{pmatrix}$$

【答案】 三元组线性表:((1, 3, 3),(2, 4, 2),(4, 1, 1),(4, 5, 5),(5, 3, 4),(6, 4, 6))

顺序存储结构示意图:

	row	col	val
1	1	3	3
2	2	4	2
3	4	1	1
4	4	5	5
5	5	3	4
6	6	4	6

m	6
n	5
t	6

【解析】　稀疏矩阵的三元组线性表只存储非零元素,每个非零元素用行、列、值三元组表示,所有的三元组按以行号为主序、列号为辅序的次序排列。稀疏矩阵的顺序存储结构就是用一维数组存储三元组线性表,数组的每个元素对应一个非零元的三元组,另外还需存储稀疏矩阵的行数、列数和非零元的个数。

7.4　习　　题

7.4.1　选择题

1.稀疏矩阵是一种特殊矩阵,其特点为 _____。

(A)行数远远大于列数

(B)行数远远小于列数

(C)非零元素的个数远远小于零元素的个数

(D)零元素的个数远远小于非零元素的个数

2.稀疏矩阵在计算机中通常采用_____来表示。

(A)二维数组　　　　　　　　　　(B)三元组线性表

(C)二叉树　　　　　　　　　　　(D)图结构

3.稀疏矩阵的快速转置算法的时间复杂度是 _____。

(A)对数时间　　　　　　　　　　(B)线性时间

(C)二次方时间　　　　　　　　　(D)三次方时间

4.在定义稀疏矩阵的十字链接存储结构时,每个结点结构需包含 _____个域。

(A)3　　　　　　　　　　　　　　(B)4

(C)5　　　　　　　　　　　　　　(D)6

5.广义表与稀疏矩阵都是线性表的扩展,它们的共同点为 _____。

(A)数据元素本身是一个数据结构

(B)都是递归结构

(C)都可以用链接结构与顺序结构存储

(D)无共同点

6.广义表是一种 _____数据结构。

(A)递归的　　　　　　　　　　　(B)非递归的

(C)图状   (D)树型

7.一个广义表为(a，(b，c)，d，()，((f，g)，h))，则该广义表的长度与深度分别为_____。

(A)3 和 5   (B)4 和 6   (C)6 和 3   (D)5 和 3

8.广义表((a，b)，c，d，e)的表头和表尾分别是_____。

(A)(a，b) 和 e   (B)a 和 e

(C)a 和 (c，d，e)   (D)(a，b) 和 (c，d，e)

选择题答案：

1. C   2. B   3. B   4. C

5. A   6. A   7. D   8. D

7.4.2 填空题

1.稀疏矩阵的存储结构通常可采用_____、_____、_____这三种形式。

2.采用顺序存储结构存储稀疏矩阵时，只要把每个元素的行下标和列下标互换，就完成了对该矩阵的转置运算，这种观点_____。（填正确或错误）

3.用三元组线性表来表示稀疏矩阵时，可节省存储空间，但实现矩阵的运算会增加算法的难度及花费更多的时间，这种观点_____。（填正确或错误）。

4.广义表((a)，((b)，c)，(((d))))的长度为_____，深度为_____。

5.广义表((a)，((b)，c)，(((d))))的表头是_____，表尾是_____。

6.广义表是特殊的_____，其特殊性在于表中的数据元素还可以是表。

填空题答案：

1.顺序存储、带行指针向量的链接存储、十字链接存储

2.错误

3.正确

4.3、4

5.(a)、(((b)，c)，(((d))))

6.线性表

7.4.3 应用题

1.将下列稀疏矩阵用三元组线性表形式表示。

$$\begin{pmatrix} 2 & 0 & 0 & 0 & 0 & 0 \\ 0 & 0 & 0 & 0 & 0 & 0 \\ 0 & 0 & 0 & 8 & 0 & 0 \\ 7 & 0 & 0 & 0 & 9 & 0 \\ 0 & 0 & 5 & 0 & 0 & 0 \end{pmatrix}$$

2.画出上述稀疏矩阵带行指针向量的链接存储结构示意图与十字链接存储结构示意图。

3.画出广义表 L=(a，(b，c)，((d)，()，e，))不带表头附加结点的链接存储结构示意图，并写出该广义表的长度与深度。

应用题答案：

1.三元组线性表：((1，1，2)，(3，4，8)，(4，1，7)，(4，5，9)，(5，3，5))

2.带行指针向量的链接存储结构示意图：

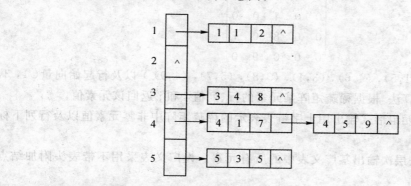

十字链接存储结构示意图：

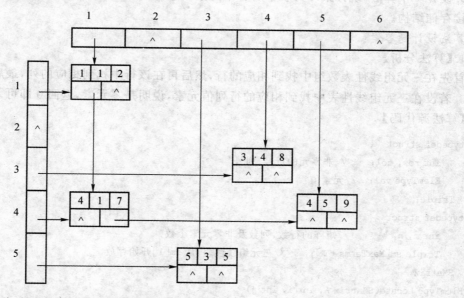

3.不带表头附加结点的链接存储结构示意图：

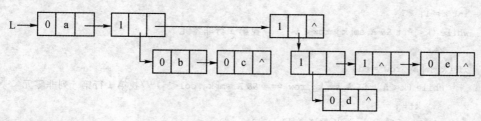

长度与深度均为 3。

7.4.4 算法设计题

1.已知一个 m 行 n 列的稀疏矩阵 A 用三元组顺序表表示,试编写一个算法确定任意一个元素 A[i][j] 的位置,并返回该元素值。

2.稀疏矩阵三元组顺序表的一种变型是:从三元组顺序表中去掉行下标域得到一个二元

组顺序表,另设一个行起始向量,其每个分量是二元组顺序表的一个下标值,指示该行中第一个非零元在二元组顺序表中的起始位置。例如:下列稀疏矩阵

$$\begin{pmatrix} 5 & 0 & 0 & 6 & 0 \\ 0 & 0 & 4 & 0 & 0 \\ 0 & 0 & 8 & 0 & 7 \\ 0 & 0 & 0 & 9 & 0 \end{pmatrix}$$

可以用二元组顺序表((1,5),(4,6),(3,4),(3,8),(5,7),(4,9))以及行起始向量(1,3,4,6)来表示。请编写算法,根据稀疏矩阵某元素的行、列值 i 和 j 返回该元素值。

3.试编写一个以三元组形式输出用十字链表表示的稀疏矩阵中非零元素值以及行列下标的算法。

4.设计一个算法,按层次输出某广义表中的所有元素。设广义表采用不带表头附加结点的链接存储结构。

5.设计一个算法,统计某广义表中所有单元素的个数。设广义表采用不带表头附加结点的链接存储结构。

算法设计题答案:

1.【算法分析】

首先在三元组线性表数组中找到相应的行,然后再在该行中找到相应的列,最后返回该元素值。若没在三元组线性表中找到相应的行列值元素,说明是零元素,返回 0 即可。

【算法源代码】

```
typedef struct  {
    int row, col;      //非零元的行号、列号
    ElemType val;   //元素值
} Triple;
typedef struct  {
    int m, n, t;      //矩阵的行数、列数及非零元素个数
    Triple sm[MaxTerms + 1];     //三元组线性表,从 sm[1]开始存放
} SMatrix;
ElemType Locate(SMatrix A, int i, int j)
{  //返回稀疏矩阵 A 第 i 行、第 j 列的值
    int k = 1;
    while (k<A.t && A.sm[k].row<i)   //找第 i 行非零元
        k++ ;
    if (A.sm[k].row == i) {
        while (k<A.t && A.sm[k].row == i && A.sm[k].col<j) //找第 i 行第 j 列非零元
            k++ ;
        if (A.sm[k].row == i && A.sm[k].col == j)
            return A.sm[k].val;      //查找到,返回非零元素值
    }
    return 0;  //没查找到,返回零元素值
}
```

2.【算法分析】

首先在二元组顺序表中找到第 i 行非零元所在的位置范围,然后再在该范围内找第 j 列非零元。若找到则返回该元素值,若没找到相应的行列值元素,说明是零元素,返回 0 即可。

【算法源代码】

```
struct Data {
    int col;          //非零元列号
    ElemType val;    //非零元素值
};
struct SMatrix {
    int m, n, t;                //稀疏矩阵的行数、列数、非零元个数
    Data sm[MaxTerms + 1];    //二元组顺序表,从 sm[1]开始存放
    int row[MaxRows + 1];      //行起始向量,从 row[1]开始存放
};
ElemType MatrixValue(SMatrix M, int i, int j)
{   //返回稀疏矩阵 M 第 i 行、第 j 列的值
    int k1, k2;
    k1 = M.row[i];          //k1 为第 i 行的第一个非零元在二元组顺序表中的位置
    k2 = M.row[i + 1];      //k2 为第 i + 1 行的第一个非零元在二元组顺序表中的位置
    //以下为在 M.sm[k1]到 M.sm[k2 - 1]范围内(即第 i 行中)查找第 j 列非零元素
    while( k1<k2 && M.sm[k1].col<j )
        k1++ ;
    if( k1<k2 && M.sm[k1].col == j )
        return M.sm[k1].val;    //查找到,返回非零元素值
    else
        return 0;     //没查找到,返回零元素值
}
```

3.【算法分析】

从十字链表的行指针向量中依次取出每一行单链表的头结点地址进行遍历,在遍历每一行单链表时,依次输出每一个非零元素的行、列、值。

【算法源代码】

```
typedef struct Node {
    int row, col;                        //非零元的行号、列号
    ElemType val;                        //元素值
    struct Node * right, * down;         //分别指向同一行及同一列的下一个结点
} CrossNode;
typedef struct {
    int m, n, t;                         //矩阵的行数、列数及非零元素个数
    CrossNode * rv[MaxRows + 1];         //行指针向量,从 rv[1]开始存放
    CrossNode * cv[MaxColumns + 1];      //列指针向量,从 cv[1]开始存放
} CLMatrix;
void OutputMatrix(CLMatrix M)
{
```

```
CrossNode * p;
for( int i = 1; i <= M.m; i++ ) {    //依次处理每一行的非零元
    p = M.rv[i];
    while (p != NULL) {    //以三元组形式输出第 i 行的各非零元
        cout<<p->row<<','<<p->col<<','p->val<<endl;
        p = p->right;
    }
}
```

4.【算法分析】

层次遍历的问题,一般需借助队列来完成。首先把最上层的结点依次入队列;然后每次从队头取一个元素出队列,若该元素是单元素则直接输出,若是表元素则把下一层的结点(即子表中的各元素结点)依次入队列。

【算法源代码】

```
typedef struct Node {
    int tag;                    //标志域,0 代表单元素结点,1 代表子表结点
    union {
        ElemType data;          //若是单元素,存放元素值
        struct Node * sublist;  //若是子表,指向子表的第一个结点
    };
    struct Node * next;         //指向后继结点
} GLNode;
void Level(GLNode * GL)
{
    Queue Q;         //定义队列 Q
    GLNode * p;
    InitQueue(Q);    //初始化队列 Q
    for( p = GL; p != NULL; p = p->next )   //把最上层的结点依次入队列
        EnQueue(Q, p);
    while( !EmptyQueue(Q) ) {
        p = OutQueue( Q );           //队头元素出队列
        if( p->tag == 0 )            //若是单元素,则直接输出元素值
            cout<<p->data<<' ';
        else
            if (p->sublist == NULL )  //若是空表元素,则直接输出()
                cout<<"() ";
            else                     //若是非空表元素,则把下一层的结点依次入队列
                for( p = p->sublist; p != NULL; p = p->next )
                    EnQueue(Q, p);
    }
}
```

5.【算法分析】

该算法适合采用递归算法实现。方法如下：首先定义变量 num 用来统计单元素个数，初值为 0；然后对广义表的每个元素进行访问，若是单元素，则 num 增 1，若是表元素，则递归调用算法来统计该子表的单元素个数，并且将其值累加到 num 中；最后返回 num 值。

【算法源代码】

```
typedef struct Node {
    int tag;                        //标志域,0 代表单元素结点,1 代表子表结点
    union {
        ElemType data;              //若是单元素,存放元素值
        struct Node * sublist;      //若是子表,指向子表的第一个结点
    };
    struct Node * next;             //指向后继结点
} GLNode;
int Count(GLNode  * GL)
{
    int num = 0;
    while (GL ! = NULL) {    /        /访问广义表的每个元素
        if (GL - >tag == 0)          //若是单元素,则 num 增 1
            num++ ;
        else        //若是表元素,则用递归统计该子表的单元素个数,并累加到 num 中
            num = num + Count(GL - >sublist);
        GL = GL - >next;
    }
    return num;
}
```

第 8 章 特殊二叉树

8.1 知识点概述

8.1.1 二叉搜索树

1. 二叉搜索树的定义

二叉搜索树又称二叉排序树,它或者是一棵空树,或者是具有下列性质的非空二叉树:

(1) 若其左子树不空,则左子树上所有结点的关键字值均小于根结点的关键字值;

(2) 若其右子树不空,则右子树上所有结点的关键字值均大于根结点的关键字值;

(3) 其左、右子树本身也分别是一棵二叉搜索树。

由二叉搜索树的定义可知,在一棵非空的二叉搜索树中,其结点的关键字是按照左子树、根节点、右子树有序的,所以对它进行中序遍历得到的结点序列必然是一个有序序列。

如图 8.1 所示是一棵二叉搜索树,树中每个结点的关键字都大于它左子树中所有结点的关键字,而小于它的右子树中所有结点的关键字。对此二叉树进行中序遍历,得到的结点序列为:12、15、18、23、26、30、52、63、74。此序列递增有序。需要注意的是,二叉搜索树的目的并非是为了排序,而是用它来加速查找,因为在一个有序数据集上的查找速度通常比在无序数据集上的查找速度快。

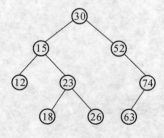

图 8.1 二叉搜索树

2. 二叉搜索树的操作

由于二叉搜索树是一棵特殊的二叉树,故它具有一般二叉树的各种存储结构,同时,一般二叉树的操作均可在二叉搜索树上进行,除此之外,二叉搜索树还具有查找、修改、插入和删除等常用操作,各操作声明如下:

```
bool Find(BTreeNode * BST,  ElemType &item);
bool Update(BTreeNode * &BST,  const ElemType item);
```

```
void Insert(BTreeNode * &BST,  const ElemType item);
bool Delete(BTreeNode * &BST,  ElemType &item);
```

（1）查找操作 Find

查找过程如下：若二叉树为空，则查找失败，返回为假；否则，若 item 等于当前根结点的值，则查找成功，由引用参数 item 带回此结点的值并返回真；否则根据二叉搜索树的特征，若 item 关键字小于根结点，则在根的左子树上继续查找，若 item 关键字大于根结点，则在根的右子树上继续查找，显然这可以用递归方式完成。查找算法如下：

```
int Find (BTreeNode   * BST, ElemType &item)
{  //在指针 BST 所指的二叉排序树中查找关键字为 item 的元素
   //若成功则返回 1,否则返回 0
   if  (BST == NULL)
       return 0;
   else if (BST ->data == item)  {
       item = BST ->data;  return 1;
   }
   else  if( item < BST ->data )
       return  Find( BST ->left, item );
   else
       return  Find( BST ->right, item );
}
```

在二叉搜索树上进行查找的过程，恰好走了一条从根结点到该结点的路径，和给定值 item 的比较次数等于结点在二叉树中的层数，即比较次数最少为 1 次（即二叉搜索树的根结点就是待查结点），最多不超过树的深度。

若二叉搜索树是平衡的，则有 n 个结点的二叉搜索树的深度与完全二叉树的深度相同，为 $\log_2 n+1$，故其时间复杂度为 $O(\log_2 n)$，这是最优情况。若二叉搜索树为单分支二叉树，则查找退化为顺序查找，这是最坏情况，时间复杂度为 $O(n)$。

（2）修改操作 Update

二叉搜索树的修改操作基本与查找操作一样，首先需找到待修改的结点，找到后把 item 值赋给该元素。

（3）插入操作 Insert

插入过程如下：若二叉搜索树为空，则由 item 生成的结点为二叉搜索树的根结点；否则，新插入的结点必为一个新的叶子结点，其插入位置由查找过程得到，即若 item 小于根结点，则将 item 插入到根的左子树上，否则插入到根的右子树上，所以插入过程也是递归的。

利用二叉搜索树的插入算法，可以很容易地写出生成一棵具有 n 个结点的二叉搜索树的算法，即从空树开始，不断地调用插入算法，依次插入每个结点即可。

若建立二叉搜索树的一组关键字为{63,90,70,55,98,42}，则图 8.2 给出了二叉搜索树的构造过程。

（4）删除操作 Delete

二叉搜索树上执行删除操作时，被删除的结点可能是叶子结点，也可能是分支结点，当删除分支结点时就破坏了树中原有结点之间的链接关系，这就需要重新修改指针，使得删除后仍

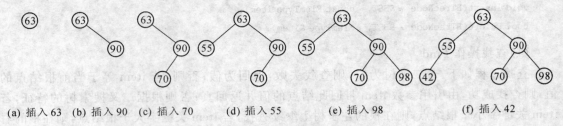

(a) 插入 63　(b) 插入 90　(c) 插入 70　(d) 插入 55　(e) 插入 98　　　　(f) 插入 42

图 8.2　二叉搜索树的构造过程

为一棵二叉搜索树。

不失一般性,设待删除结点为 p,其双亲结点为 f,且 p 是 f 的左孩子,则被删除结点有以下三种情况:

1)被删结点为叶子结点

由于删除叶子结点不影响二叉搜索树的特征,所以只需将被删结点的双亲结点的相应指针域置为空即可,即 f->left=NULL,如图 8.3 所示。

图 8.3　二叉搜索树中删除叶子结点

2)被删结点为单分支结点

删除单分支结点时,由于其只有左子树或右子树,故只需重新链接被删结点的左子树或右子树,将其左子树或右子树链接到其双亲结点即可,如图 8.4 所示。

图 8.4　二叉搜索树中删除单分支结点

3)被删结点为双分支结点

由于被删元素既有左子树又有右子树,故需处理好其左右子树的链接关系,并保持二叉搜索

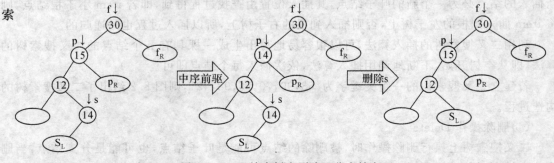

图 8.5　二叉搜索树中删除双分支结点

如图 8.5 所示,首先找到被删结点的中序前驱结点 s(此结点必为待删结点 p 的左子树中最右下的结点,且该结点的右子树必为空,左子树不一定),把该结点的值赋值给待删结点 p 的值域,然后再删除该结点。由于此时需删结点 s 的右子树为空,故可采用前面第 2 种情况删除。

从二叉搜索树中删除结点的算法可以是递归的,也可以是非递归的。

8.1.2　堆

1. 堆的定义

堆(heap)分为小根堆与大根堆两种。一个小(大)根堆是具有如下特性的一棵完全二叉树:

(1) 若根结点存在左孩子,则根结点的值小于等于(大于等于)左孩子结点的值;

(2) 若根结点存在右孩子,则根结点的值小于等于(大于等于)右孩子结点的值;

(3) 以左、右孩子为根的子树又各是一个堆。

如图 8.6 所示分别是一个小根堆和一个大根堆。由堆的定义可知:堆是一个完全二叉树,且若是小根堆,则堆顶元素(即整个二叉树的根结点)是二叉树中的最小值,若是大根堆,则堆顶元素是二叉树中的最大值。

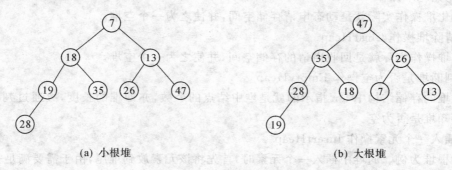

(a) 小根堆　　　　　　　　　　　　　　　(b) 大根堆

图 8.6　小根堆和大根堆

2. 堆的存储结构及操作

由于堆是一棵特殊的二叉树,故它具有一般二叉树的各种存储结构,但由于堆是一棵完全二叉树,故适宜采用顺序存储结构,如下定义:

```
typedef struct {
    ElemType * heap;        //指向动态申请空间的基地址
    int len;                //堆的长度,即实际存储结点个数
    int MaxSize;            //动态申请空间的长度
} Heap;
```

对堆进行顺序存储时,需要按照完全二叉树编号的方式对结点进行从上到下、从左往右编号,且编号与存储的下标一一对应。

若编号从 0 开始,则编号为 0 至 n/2−1 的结点为分支结点,编号为 n/2 至 n−1 的结点为叶子结点;对于每个编号为 i 的分支结点,其左孩子编号为 2i+1,右孩子编号为 2i+2,其双亲结点的编号为(i−1)/2。本教材采用编号从 0 开始。

若编号从 1 开始,则编号为 1 至 n/2 的结点为分支结点,编号为 n/2+1 至 n−1 的结点为叶子结点;对于每个编号为 i 的分支结点,其左孩子编号为 2i,右孩子编号为 2i+1,其双亲结点的编号为 i/2。

图 8.7 为图 8.6 堆的对应的顺序存储结构,且编号从 0 开始。

0	1	2	3	4	5	6	7
7	18	13	19	35	26	47	28

(a) 图 8.6(a) 的存储结构

0	1	2	3	4	5	6	7
47	35	26	28	18	7	13	19

(b) 图 8.6(b) 的存储结构

图 8.7　小根堆和大根堆的顺序存储

堆的操作通常有初始化一个堆、清除一个堆、判断堆是否为空、向堆中插入一个元素、删除堆顶元素等,具体定义如下:

```
void InitHeap(Heap &HBT);
void ClearHeap(Heap &HBT);
int EmptyHeap(Heap HBT);
void InsertHeap (Heap &HBT, Elem item);
ElemType DeleteHeap(Heap &HBT);
```

(1)初始化堆操作 InitHeap

初始化堆操作实际就是动态申请存储空间,并使之为一个空堆。

(2)清除堆操作 ClearHeap

清除堆操作实际就是回收申请的存储空间,并使之为一个空堆。

(3)判断堆是否为空操作 EmptyHeap

由于堆的存储结构中 len 指示的就是堆中结点的个数,亦即堆的长度,故通过判断 len 是否为 0 可知堆是否为空。

(4)插入一个元素操作 InsertHeap

以小根堆为例。向堆中插入一个元素时,首先将该元素放到堆尾,由于需要满足完全二叉树的条件,故只要将该元素放入顺序存储空间的末尾,即下标为 len 的位置。此时,虽满足完全二叉树的条件,但可能会破坏插入结点所在子树小根堆的要求;故需要进行调整,使之仍成为小根堆。调整的方法为:新插入的结点与其结点比较(设待调整双亲结点下标为 i,则其双亲结点下标为(i−1)/2),若大于双亲结点,则调整完成;否则与其双亲结点互换位置,即新插入的结点上升一层,使得以该位置为根的子树成为堆;继续上述步骤。如图 8.8 所示是在图 8.6 (a)的小根堆上插入值为 10 的元素。

(5)删除堆顶元素操作 DeleteHeap

从堆中删除元素就是删除堆顶元素,即根结点,并返回。其方法是把堆顶元素(下标为 0 的元素)与堆尾元素(下标为 len−1 的元素)互换,即用堆尾元素替换堆顶元素,使得原先有 n 个结点的完全二叉树变为 n−1 个元素的完全二叉树,但破坏了堆的特征,故需要进行调整,使之变为具有 n−1 个结点的堆。调整方法如下:交换后从堆顶元素(根结点)开始,若根结点值大于左右孩子结点中的最小值,就将它与具有最小值的孩子结点互换,即下移一层,使得根结点的值小于左右孩子结点的值;原树根结点被对调到一个孩子位置后,又可能使该位置为根的子树不为堆,因而需要继续向下调整,直到调整后的位置小于左右孩子或调整到叶子结点为止。如图 8.9 所示是在图 8.6(a)的小根堆上删除值为 7 的元素。

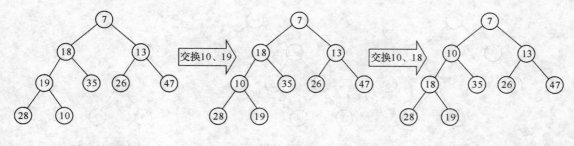

(a) 插入 10 到堆尾   (b) 一次调整   (c) 二次调整后构成新堆

图 8.8　堆的插入

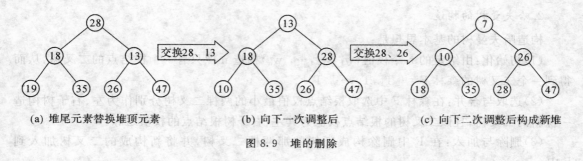

(a) 堆尾元素替换堆顶元素   (b) 向下一次调整后   (c) 向下二次调整后构成新堆

图 8.9　堆的删除

8.1.3　哈夫曼树

1. 定义

(1) 路径:若一棵树中存在一个结点序列 $k_1, k_2, \cdots, k_j$,使得 k_i 是 k_{i+1} 的双亲($1 \leqslant i < j$),则称此结点序列是从 $k_1 \sim k_j$ 的路径。

(2) 路径长度:上述序列从 k_1 到 k_j 所经过的分支数称为两结点之间的路径长度。它等于路径上的结点数减 1。

(3) 树的路径长度:从树根到树中每一叶子结点的路径长度之和。

(4) 结点的带权路径长度:从根结点到该结点之间的路径长度与结点上权的乘积。

(5) 树的带权路径长度:树的所有叶子结点的带权路径长度之和。记为:

$$WPL = \sum_{i=1}^{n} w_i l_i$$

其中:n 表示叶子结点的个数数,w_i 表示叶子结点 k_i 的权值,l_i 表示根到结点 k_i 的路径长度。

(6) 哈夫曼树:也称最优二叉树,是 n 个带权叶子结点构成的所有二叉树中,树的带权路径长度 WPL 最小的二叉树。

例如,给定叶子结点的权值分别为 $\{2, 3, 4, 5\}$,可以构造出形状不同的多棵二叉树,如图 8.10 所示。这些形状不同的二叉树的带权路径长度可能各不相同,带权路径长度分别为:

(a) $WPL = 2 \times 2 + 4 \times 3 + 5 \times 3 + 3 \times 2 = 37$

(b) $WPL = 2 \times 3 + 4 \times 3 + 5 \times 2 + 3 \times 1 = 31$

(c) $WPL = 5 \times 2 + 3 \times 3 + 2 \times 3 + 4 \times 1 = 29$

其中,(c) 为哈夫曼树。

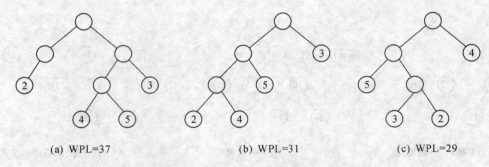

(a) WPL=37　　　　　　　　(b) WPL=31　　　　　　　(c) WPL=29

图 8.10　具有 4 个叶子结点的带权二叉树

2.哈夫曼树的构造

构造哈夫曼树的基本思想是：

(1)初始化：由给定的 n 个权值$\{w_1, w_2, \cdots, w_n\}$构造 n 棵只有一个根结点的二叉树，从而得到一个二叉树的森林 F＝$\{T_1, T_2, \cdots, T_n\}$。

(2)选取与合并：在森林 F 中选取根结点权值最小的两棵二叉树分别作为左、右子树构造一棵新的二叉树，且该二叉树的根结点权值为其左、右子树根结点的权值之和。

(3)删除与加入：在 F 中删除构成新树的那两棵二叉树，并将新构成的二叉树加入到 F 中。

(4)重复(2)、(3)两步，直到 F 中只有一棵二叉树为止，此二叉树便是哈夫曼树。

通过上述哈夫曼树的构造过程，可以得到如下要点：

(1)给定 n 个权值的哈夫曼树中有 n 个叶子结点，共需合并 n−1 次。

(2)每合并一次产生一个分支结点，经过 n−1 次合并后得到 n−1 个分支结点，则哈夫曼树中共有 2n−1 个结点。

(3)哈夫曼中只有度为 0 和 2 的结点，不存在度为 1 的结点。

(4)构造过程中所选取的两棵根结点权值最小的二叉树作为左右子树构造一棵新的二叉树，逻辑上其左右位置可以是随意的，但这将会得到具有不同结构的多棵哈夫曼树，通常规定左子树根结点权值小于等于右子树根结点的权值。

(5)构造完成后所得的哈夫曼树的根结点的权值是所有给定叶子结点权值之和，因而是确定的。

3.哈夫曼编码

哈夫曼编码是哈夫曼树应用的一种，通常用以将一个字符序列转换成二进制序列。

等长编码：等长编码是最简单的编码方式，即对字符序列中所出现的每个字符的编码是等长的。如对于{A、B、C、D}四个字符，设计等长编码{A：00，B：01，C：10，D：11}，则对于字符序列 ABACD 的编码为 0001001011，译码时按两位二进制为一个字符。

如果每个字符的使用频率是相等的，则等长编码是效率最高的编码方法。如果使用字符的频率不同，为使得译码后的长度最短，可以采取让频率高的字符尽可能采用短的编码，假设 c_i 为第 i 个字符使用的频率，l_i 为第 i 个字符的编码长度，则译码后总长度可由下式计算：

$$L = \sum_{i=1}^{n} c_i l_i$$

不等长编码：对字符的编码长度不相等，让出现频率高的字符具有较短的编码，让出现频率低的字符具有较长的编码。如对于{A、B、C、D}四个字符,如果设计不等长编码{A：0,B：01,C：00,D：10},则对于字符序列 ABACD 的编码为00100010,但解码是会出现多种可能,可以解码为 AADCD,也可以为 AADAAD。产生了二义性,原因是因为一个字符的编码是另一个字符编码的前缀。

无前缀编码:若任一字符的编码都不是其他字符编码的前缀,符合此要求的编码称为无前缀编码。显然等长编码是无前缀编码。

为了获得编码的总长度最短,可将字符集中每个字符的出现频率作为字符的权值,以字符集每个字符作为叶子结点构造哈夫曼树,则此哈夫曼树的带权路径长度即为编码的总长度,显然此编码长度为最短。对所构造的哈夫曼树,规定左分支代表 0,右分支代表 1,则从根结点到每个叶子结点所经过的路径组成的 0 和 1 的序列便为该叶子结点对应字符的编码,称为哈夫曼编码。

如对于{A、B、C、D、E}五个字符,使用的频率分别为{35、23、15、18、10},图 8.11 给出了哈夫曼树及各字符的编码。

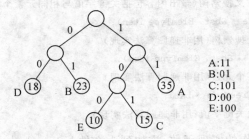

A:11
B:01
C:101
D:00
E:100

图 8.11　哈夫曼树及哈夫曼编码

8.2　实验项目

8.2.1　二叉搜索树的基本操作实现

1. 实验目的

(1)掌握二叉搜索树的基本概念;

(2)掌握在二叉搜索树上基本操作的实现原理与方法。

2. 实验内容

(1)设在一棵二叉搜索树的每个结点的 data 域中,含有关键字 key 域和统计相同关键字元素个数的 count 域。当向该树插入一个元素时,若树中已有相同关键字值的结点,则使该结点的 count 域值增 1,否则由该元素值生成一个新结点插入到该树中,并使其 count 域置为 1。当向该树删除一个元素时,若树中该元素结点的 count 域值大于 1,则使该结点的 count 域值减 1,否则(count 域值等于 1)删除该结点。

编写头文件 bstree.h,实现上述二叉搜索树的存储结构定义与基本操作实现函数;编写主函数文件 test8_1.cpp,验证头文件中各个操作。

二叉搜索树存储结构定义如下:

```
typedef struct {
    int key;      //关键字
    int count;    //个数
} ElemType;
struct BTreeNode {
    ElemType data;
    BTreeNode * left;
    BTreeNode * right;
};
```

基本操作如下：

①void InitBSTree(BTreeNode * &bst);

//初始化该二叉搜索树

②void PrintBSTree(BTreeNode * bst);

//以广义表形式输出该二叉搜索树(输出内容包括关键字值与相同元素个数值)

③void Insert (BTreeNode * &bst, ElemType item);

//插入一个元素到该二叉搜索树(用非递归算法实现)

④int Delete (BTreeNode * &bst, ElemType item);

//从二叉搜索树中删除某个元素(用非递归算法实现)

⑤ElemType MaxBSTree(BTreeNode * bst);

//求该二叉搜索树的最大关键字值(用非递归算法实现)

(2)选做:编写下列操作的实现函数,添加到头文件 bstree. h 中,并在主函数文件 test8_1. cpp 中添加相应语句进行测试。

①void PrintNode1(BTreeNode * bst);

//按递减序打印二叉搜索树中所有左子树为空,右子树非空的结点数据域的值

②void PrintNode2(BTreeNode * bst, int x);

//从小到大输出二叉搜索树中所有关键字值＞＝x 的结点数据域的值

(3)填写实验报告。

3. 实验提示

可以在主函数中首先初始化二叉搜索树;然后从键盘输入数据,通过循环调用插入算法建立二叉搜索树;再以广义表形式输出该二叉搜索树;输出二叉搜索树中的最大结点值;最后调用删除算法删除某元素,并输出删除后的二叉搜索树。

8.2.2 堆的基本操作实现

1. 实验目的

(1)掌握堆的基本概念;

(2)掌握堆基本操作的实现原理与方法。

2. 实验内容

(1)实现大根堆用顺序存储结构存储时基本操作的实现。要求编写头文件 heap. h,包括堆的存储结构定义与基本操作实现函数;编写主函数文件 test8_2. cpp,验证头文件中各个

操作。

堆的顺序存储结构定义如下：

```
typedef struct {
    ElemType * heap;        //指向动态申请空间的基地址
    int len;                //堆的长度,即实际存储结点个数
    int MaxSize;            //动态申请空间的长度
} Heap;
```

大根堆的基本操作如下：

①void InitHeap(Heap &HBT);

//初始化堆

②void ClearHeap(Heap &HBT);

//清除堆

③bool EmptyHeap(Heap HBT);

//检查一个堆是否为空

④void InsertHeap(Heap &HBT, ElemType item);

//向堆插入一个元素

⑤ElemType DeleteHeap(Heap &HBT);

//从堆中删除一个元素

(2)选做：编写一个函数，判断一棵顺序结构存储的完全二叉树是否是大根堆。假定该完全二叉树的顺序存储结构与 Heap 一样，函数原型为 bool IsHeap(Heap BT)，将该函数添加到头文件 heap.h 中，并在主函数文件 test8_2.cpp 中添加相应语句进行测试。

(3)填写实验报告。

3. 实验提示

可以在主函数中首先初始化堆，并从键盘输入任意多个元素插入到堆中，然后输出堆，再从堆中依次删除元素并输出被删元素，直至堆为空，最后清除堆。

8.2.3 哈夫曼树及其应用实验

1. 实验目的

(1)掌握哈夫曼树的基本概念及特性。

(2)掌握哈夫曼树的构造方法。

(3)掌握哈夫曼树的应用——哈夫曼编码。

2. 实验内容

(1)编写头文件 haffman.h，包括哈夫曼树存储结构的定义及哈夫曼树基本操作的实现。基本操作如下：

①BTreeNode * CreateHuffman(ElemType a[],int n);

//构造哈夫曼树

②void PrintBTree(BTreeNode * BT);

//以广义表形式输出哈夫曼树

③void HuffManCoding(BTreeNode * BT, int len);

//求哈夫曼编码

(2)设在一份电文中共使用 5 种字符,各字符在电文中出现的频率依次为 2,6,3,8,7。编写相应的测试程序来输出编码哈夫曼树及各字符的哈夫曼编码。测试程序(即主函数)存放在文件 test8_3.cpp 中。

(3)填写实验报告。

8.3　习题范例解析

1.选择题:若从二叉树的任一结点出发到根的路径上所经过的结点序列按其关键字有序,则该二叉树是＿＿＿＿＿＿＿。

(A)二叉搜索树　　　　　　　　(B)哈夫曼树

(C)堆　　　　　　　　　　　　(D)一般二叉树

【答案】　C

【解析】　哈夫曼树、一般二叉树与其结点的关键字无关;一般情况下,二叉搜索树从任一结点出发到根的路径上所经过的结点序列不一定满足有序,如图 8.1 二叉搜索树;而在堆中,不管是左孩子还是右孩子,其关键字与其双亲结点的关键字大小是一定的。故 C 正确。

2.选择题:根据使用频率为五个字符设计的哈夫曼编码不可能的是＿＿＿＿＿＿＿。

(A)111,110,10,01,00　　　　　(B)000,001,010,011,1

(C)100,11,10,1,0　　　　　　　(D)001,000,01,11,10

【答案】　C

【解析】　哈夫曼编码是无前缀编码,即一个字符的编码不可能是另一字符编码的前缀,故(C)不可能是哈夫曼编码。

3.选择题:一个有 n 个元素的小根堆存储在数组 a[0..n−1]中,则堆中最大值有可能存储在下标为＿＿＿＿＿数组单元中。

(A)n/2−1　　　(B)n/2+1　　　(C)0　　　　　(D)无法确定

【答案】　B

【解析】　n 个元素的堆存放于数组空间[0..n−1]中,由于堆是一个完全二叉树,即若对堆进行从上往下、从左往右的从 0 开始编号,则编号与存储的下标一一对应;另一方面,由完全二叉树的性质可知,编号为 0 到 n/2−1 之间的是分支节点,编号为 n/2 到 n−1 的是叶子结点;由于是小根堆,应满足所有的分支节点的值均小于左右孩子的值,即所有的分支结点都不可能是堆中最大值,故堆中的最大值只能在叶子结点中,故(B)正确。

4.应用题:证明 n 个叶子结点的哈夫曼树共有 2n−1 个结点。

【解析】　因哈夫曼树为二叉树,设其分支结点数为 m,又由于哈夫曼树中不存在度为 1 的结点,即哈夫曼树中的分支节点都是双分支结点,根据二叉树的性质:二叉树的终端结点数等于双分支结点数加 1,即有:n=m+1,即 m=n−1。故 n 个叶子结点的哈夫曼树总结点数 N 为:N=n+m=n+n−1=2n−1。

5.应用题:设二叉搜索树中关键字由 1 到 1000 的整数组成,现要查找关键字为 363 的结点,下述关键字序列哪一个不可能是在二叉搜索树中查到的序列? 说明原因。

(1)51,250,501,390,320,340,382,363

(2)24,877,125,342,501,623,421,363

【解析】　二叉搜索树的查找过程为:先和根结点比较,若相等则查找成功;否则将根据和根结点的大小关系确定在左子树或右子树继续查找,若小于根结点值则在左子树继续查找,否则在右子树继续查找。由此可得出,如果确定左子树继续查找,则此时开始访问到的结点值均小于根结点值,如果确定在右子树继续查找,则访问到结点的值均大于根结点值。因此序列(1)满足上述条件,有可能是查到的序列,序列(2)不可能是二叉搜索树中查到的序列,原因是当查到 501 时,由于 363 比 501 小,应在 501 的左子树上继续查找,也即此后访问的结点均应小于 501,但序列中给出的是 623,故不可能。

6.算法设计题:编写算法,从小到大输出给定二叉搜索树中所有关键字不小于 x 的数据元素。设二叉搜索树元素类型均为 int。

【算法分析】　对于一棵非空二叉搜索树来说,其先左后右的中序遍历可得到一个从小到大的有序列,但若进行先右后左的中序遍历时,即可得到从大到小的有序序列,但应注意,一旦访问到关键字小于 x 的结点时应停止遍历。故可采用改变后的中序遍历递归算法。

【算法源代码】

```
void Print_BTree(BTreeNode  * BST , int x)
{
    if(BST ->right)
        Print_BTree(BST ->right,x);         //递归访问右子树
    if(BST ->data<x)      exit();           //当遇到小于 x 的元素时结束
    printf("% d\n",BST ->data);
    if(BST ->left)
        Print_BTree(B)ST ->left,x;          //递归访问左子树,先右后左的中序遍历
}
```

8.4　习　题

8.4.1　选择题

1.以下列序列构造二叉搜索树,与用其他 3 个序列所构造的结果不同的是＿＿＿＿。
A.(100,80,90,60,120,110,130)
B.(100,120,110,130,80,60,90)
C.(100,60,80,90,120,110,130)
D.(100,80,60,90,120,130,110)

2.在含有 27 个结点的二叉搜索树上,查找关键字为 35 的结点,则被依次比较的关键字有可能是＿＿＿＿＿。
A.28,36,18,46,35　　　　　　　　B.18,36,28,46,35
C.46,28,18,36,35　　　　　　　　D.46,36,18,28,35

3.对二叉搜索树进行中序遍历,得到的结点序列是＿＿＿＿。
A.按关键字递增有序　　　　　　　　B.按关键字递减有序

C. 无序序列 D. 有时有序,有时无序

4. 已知含 10 个结点的二叉搜索树是一棵完全二叉树,则该二叉搜索树在等概率情况下查找成功的平均查找长度为_____。

A. 1.0 B. 2.9 C. 3.4 D. 5.5

5. 由同一关键字集合构造的各棵二叉搜索树_____。

A. 其形态不一定相同,但平均查找长度相同

B. 其形态不一定相同,平均查找长度也不一定相同

C. 其形态均相同,但平均查找长度不一定相同

D. 其形态均相同,平均查找长度也都相同

6. 有数据{53,30,37,12,45,24,96},从空二叉树开始逐步插入数据形成二叉搜索树,若希望高度最小,应选择下列_____的序列输入。

A. 37,24,12,30,53,45,96

B. 45,24,53,12,37,96,30

C. 12,24,30,37,45,53,96

D. 30,24,12,37,45,96,53

7. 对于一组结点,从空树开始,把他们插入到二叉搜索树中,就建立了一棵二叉搜索树。这时,整个二叉搜索树的形状取决于_____。

A. 结点的输入顺序 B. 结点的存储结构

C. 结点的取值范围 D. 计算机的硬件

8. 下列叙述正确的是_____。

A. 在任意一棵非空二叉搜索树,删除某结点后又将其插入,则所得二叉搜索树与删除前原二叉搜索树相同。

B. 在二叉树搜索树中插入一个新结点,总是插入到叶结点下面。

C. 虽然给出关键字序列的顺序不一样,但依次生成的二叉搜索树却是一样的。

D. 二叉树中除叶结点外,任一结点 X,其左子树根结点的值小于该结点(X)的值;其右子树根结点的值≥该结点(X)的值,则此二叉树一定是二叉搜索树。

9. 堆是满足一定条件的_____。

A. 线性表 B. 完全二叉树

C. 队列 D. 栈

10. 以下各组序列不属于堆的是_____。

A. (100,85,98,77,80,60,82,40,20,10,66)

B. (100,98,85,82,80,77,66,60,40,20,10)

C. (10,20,40,60,66,77,80,82,85,98,100)

D. (100,85,40,77,80,60,66,98,82,10,20)

11. 下列四个序列中,属于堆的是_____。

A. (75,65,30,15,25,45,20,10) B. (75,65,45,10,30,25,20,15)

C. (75,45,65,30,15,25,20,10) D. (75,45,65,10,25,30,20,15)

12. 若要对一棵完全二叉树调整为堆,则应从_____开始调整。

A. 根结点 B. 最后一个叶子结点

C. 最后一个非叶子结点 D. 任一结点

13. 哈夫曼树是 n 个带权叶子结点构成的所有二叉树中 _____ 最小的二叉树 。

A. 权值   B. 高度

C. 度   D. 带权路径长度

14. 下列叙述错误的是 _____ 。

A. 哈夫曼树的结点个数不能是偶数

B. 一棵哈夫曼树的带权路径长度等于其中所有分支结点的权值之和

C. 哈夫曼树是带权路径长度最短的树,路径上权值较大的结点离根较近

D. 当一棵具有 n 个叶子结点的二叉树的 WPL 值为最小时,称其树为 Huffman 树,其二叉树的形状不是唯一的。

15. 若以{4,5,6,3,8}作为叶子节点的权值构造哈夫曼树,则带权路径长度是 _____ 。

A. 55   B. 68   C. 59   D. 28

选择题答案:

1. C   2. B   3. A   4. B   5. B

6. A   7. A   8. D   9. B   10. D

11. C   12. C   13. D   14. B   15. C

8.4.2 应用题

1. 一棵二叉排序树结构如下,各结点的值从小到大依次为 1−9,请标出各结点的值。

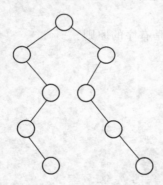

2. 依次输入表(30,15,28,20,24,68,10,2,35,50,46,55)中的元素,生成一棵二叉排序树,完成下列要求:

(1) 试画出生成之后的二叉排序树;

(2) 对该二叉排序树作中序遍历,试写出遍历序列;

(3) 假定每个元素的查找概率相等,试计算该二叉排序树的平均查找长度。

3. 设数据集合 d={2,12,5,8,3,10,7,13,1},试完成下列各题:

(1) 依次取 d 中各数据,构造一棵二叉排序树 bt ;

(2) 给出二叉排序树 bt 的中序遍历序列和后序遍历序列;

(3) 画出在二叉排序树 bt 中删除"12"后的树结构。

4. 已知一组元素为(58,28,75,65,11,37,72,30,42),完成下列各题:

(1) 画出按此元素排列顺序插入生成得到的一棵二叉搜索树。

(2) 画出从该二叉搜索树中依次删除结点 75 和 28 后最终得到的一棵二叉搜索树。

5. 设有关键字 A、B、C 和 D,依照不同的输入顺序,共可能组成多少不同的二叉排序树。

请画出其中高度较小的 6 种。

6. 判别下列两个序列是否为堆,若不是,按照对序列建堆的思想把它调整为堆,用图表示建堆的过程。

①(1,5,7,20,18,8,8,40) ②(18,9,5,8,4,17,21,6)

7. 已知待排序的序列为(503,87,512,61,908,170,897,275,653,462),试完成下列各题。

(1) 根据以上序列建立一个堆(画出第一步和最后堆的结果图),希望先输出最小值。

(2) 输出最小值后,如何得到次小值。(并画出相应结果图)

8. 请回答下列关于堆(Heap)的一些问题:

(1) 堆的存储表示是顺序的,还是链接的?

(2) 设有一个最小堆,即堆中任意结点的关键码均小于它的左子女和右子女的关键码。其具有最大值的元素可能在什么地方?

9. 某通讯电文由 A、B、C、D、E、F、G、H 八个字符组成,它们在电文中出现的次数分别是 15、3、14、2、6、9、16、17。给出下列解答:

①画出其哈夫曼树(请按左子树根结点的权小于等于右子树根结点的权的次序构造)。

②确定各字符对应的哈夫曼编码

③使用等长编码表示电文是另一种编码方案,比较两种方案的优缺点。

10.已知要传输的数据为字符串"AABBBBAAAACCCDDCC",试画出哈夫曼树并求出数据中每种符号的哈夫曼编码。

应用题答案:

1.按照中序遍历二叉排序树是有序的原则。

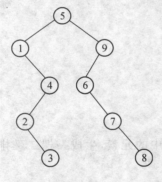

2.

(1)生成后的二叉排序树如下:

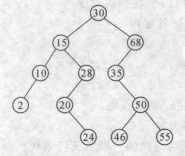

(2)中序遍历为:2,10,15,20,24,28,30,35,46,50,55,68

(3)平均查找长度为:(1*1+2*2+3*3+4*3+5*3))/12=41/12

3.

(1) 生成后的二叉排序树如下:

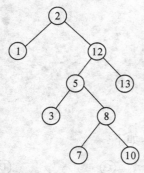

(2)中序遍历为:1,2,3,5,7,8,10,12,13

后序遍历为:1,3,7,10,8,5,13,12,2

(3) 用中序遍历的前驱替换,删除后二叉排序树如下:

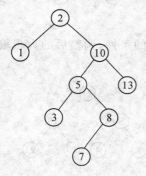

4.

(1) 生成后的二叉排序树如下:

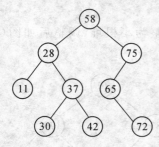

（2）

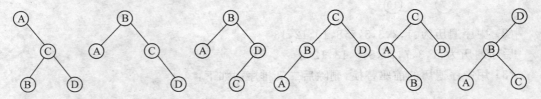

删除 75 后　　　　　　　　　删除 28 后

5.共有 16 种不同形态的二叉搜索树,其中高度最小的有 6 种,如下:

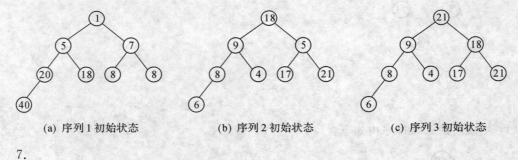

6. 序列 1 的初始状态如图(a),满足小根堆的条件;

序列 2 的初始状态如图(b),结点 5 为根的子树不满足大根堆的条件,调整后的大根堆如图(c);

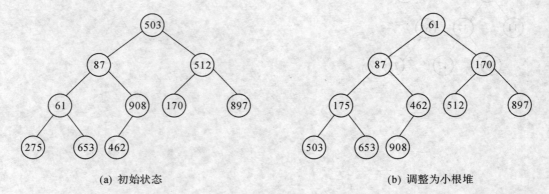

(a) 序列 1 初始状态　　　　(b) 序列 2 初始状态　　　　(c) 序列 3 初始状态

7.

(1)初始状态如图(a)所示,由于希望输出最小值,故应调整为小根堆,调整后如图(b)所示。

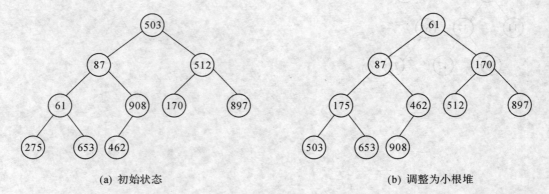

(a) 初始状态　　　　　　　　　　(b) 调整为小根堆

(2)输出最小值后,用最后一个元素值替换根节点,继续调整为小根堆,则此时根节点为次小元素,如图(c)所示。

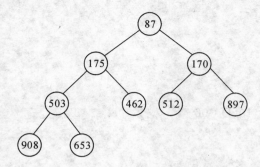

(c) 输出最小值后的小根堆

（c）输出最小值后的小根堆

8.

（1）由于堆是一棵完全二叉树,故用顺序存储结构较为合适。

（2）由于是小根堆,故堆中最大值一定在树的叶子结点中。

9.

（1）哈夫曼树如下：

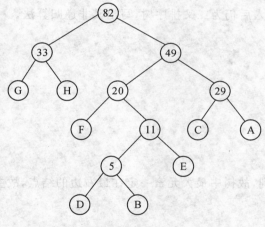

（2）各字符的哈夫曼编码为：

A：111　　B：10101　　C：110　　D：10100

E：1011　　F：100　　G：00　　H：01

（3）若用等长编码方式,由于共 8 个字符,故每个字符用三位二进制码表示,即用编码 000 ～111 表示个字符,此时整个电文的长度为：(15＋3＋14＋2＋6＋9＋16＋17) * 3＝ 82 * 3 ＝ 246;若用上述哈夫曼编码方式,则整个电文的长度为：15 * 3＋3 * 5＋14 * 3＋2 * 5＋6 * 4＋9 * 3＋16 * 2＋17 * 2＝ 229;显然用哈夫曼编码可使整个电文长度缩短。

10．由电文"AABBBBAAAACCCDDCC"可得知电文共使用 ABCD 四个字符,且每个字符的使用次数为：A6 次、B4 次、C5 次、D2 次,由此可构造出哈夫曼树如下：

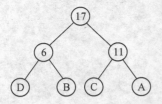

各字符的哈夫曼编码为：A：11、B：01、C：10、D：00

8.4.3　算法设计题

1.编写一个非递归算法,求出二叉搜索树中关键字最大的元素。

设函数原型为：ElemType BSTMax(BTreeNode * BST)

2.编写一个判别给定二叉树是否为二叉搜索树的算法,设此二叉树以二叉链表作为存储结构,且树中结点的关键字均不同。

3.设二叉搜索树中的各元素值互不相同,编写一个递归算法按递减次序打印出二叉搜索树中的各元素值。

4.编写一算法,将两棵二叉搜索树合并为一棵二叉搜索树。

5.已知二叉搜索树 T 的结点定义如下,在树中查找值为 X 的结点,若找到,则记数（c）ount 加 1;否则,作为一个新结点插入树中,插入后仍为二叉排序树,写出其非递归算法。

```
struct BTreeNode {
    ElemType data;
    BTreeNode * left, * right;
    int count;
};
```

算法设计题答案：

1.【算法分析】

由于二叉搜索树满足中序遍历是递增序列,故树中最大元素一定在最右边的结点,故主要一直沿着右链（right 指针）走到低为止即可。

【算法源代码】

```
ElemType BSTMax(BTreeNode * BST)
{
    if(BST== NULL)  exit(1);
    while(BST - >right! = NULL)
    BST = BST - >right;
    return BST - >data;
}
```

2.【算法分析】

由于二叉搜索树的中序遍历是有序的,故可通过对二叉树进行中序遍历,每次记录当前结点的中序前驱值,并比较大小,一旦出现当前元素值小于中序前驱结点值可终止判断。

【算法源代码】

int last = 0,flag = 1;

```
int IS_BSTree(BTreeNode * T) //判断二叉树 T 是否为二叉搜索树
{
    if(T->left&&flag) IS_BSTree(T->left);
    if(T->data<last) flag = 0;
    last = T->data;
    if(T->right&&flag) IS_BSTree(T->right);
    return flag;
}
```

3.【算法分析】

由于二叉搜索树满足任一分支结点值大于左孩子结点值、小于右孩子结点值,故对二叉树进行先右后左的中序遍历即可得到一递减的序列。

【算法源代码】

```
void PostOrder_BSTree(BTreeNode * T)
{
    if(T ! = NULL)
    {
        PostOrder_BSTree(T->right);
        printf(" % d ",T->data);
        PostOrder_BSTree(T->left);
    }
}
```

4.【算法分析】

在合并过程中并不释放或创建任何结点,而是采取修改指针的方式来完成合并,这样,就必须按照后序遍历序列把一棵树中的元素逐个连接到另一棵树上,否则将会导致树的结构的混乱。

【算法源代码】

```
void BSTree_Merge(BTreeNode * &T, BTreeNode * S) //把二叉树 S 合并到 T 中
{
    if (S == NULL)
        return;
    if (T == NULL) {
        T = S;
        return;
    }
    if(S->left) BSTree_Merge(T,S->left);
    if(S->right) BSTree_Merge(T,S->right);    //后序遍历 S
    Insert_Key(T,S);                          //插入元素
}
void Insert_Key(BTreeNode * T, BTreeNode * S)  //把树结点 S 插入到 T 的合适位置
{
    if(S->data>T->data)    //在 T 的右子树上插入
    {
```

```
if(! T->right) {
    T->right = S; S->left = NULL; S->right = NULL;
}
else  Insert_Key(T->right,S);
}
else if(S->data<T->data)   //在 T 的左子树上插入
{
    if(! T->left) {
        T->left = S; S->left = NULL; S->right = NULL;
    }
    else  Insert_Key(T->left,S);
}
}
```

5.【算法分析】

结合二叉搜索树的查找与插入两个操作实现题目功能。

【算法源代码】

```
void Insert(BTreeNode * T, ElemType x)
{
    BTreeNode * t = T, * p = NULL;
    while(t ! = NULL)
    {
        p = t;
        if(t->data == x) { t->count ++ ;break; }
        else if(t->data>x) t = t->left;
        else t = t->right;
    }
    if(t == NULL)
    {
        BTreeNode * q = new BTreeNode;
        q->data = x;
        q->count = 0;
        q->left = q->right = NULL;
        if(p == NULL) T = q;
        else if(x<p->data) p->left = q;
        else p->right = q;
    }
}
```

第9章 图的应用

9.1 知识点概述

9.1.1 最小生成树

生成树(Spanning Tree)的定义:连通图 G=(V,E) 的生成树是一个包含图 G 的所有顶点的图 G 的极小连通子图。所谓极小是指若在树中任意增加一条边,则将出现一个回路;若去掉一条边,将会使之变成非连通图。一棵 n 个顶点的生成树有且仅有 n−1 条边。对图遍历时访问的结点和经由的边就构成了生成树,因遍历的路径和选择的起始点的不同,所经由边也不同,所以一个连通图的生成树有多个方案。如下图 9.1 中连通图 G1 有三个生成树 ST1,ST2 和 ST3。

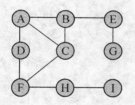

图 9.1　连通图 G1

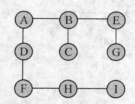

图 9.2　连通图的生成树 ST1

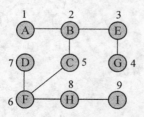

图 9.3　连通图的深度优先生成树 ST2

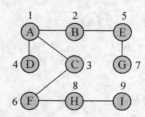

图 9.4　连通图的广度优先生成树 ST3

最小生成树(Minimum−cost Spanning Tree)的定义:在含有 n 个顶点的连通图中选择 n−1 条边,构成一棵极小连通子图,并使该连通子图中 n−1 条边上权值之和达到最小,则称这棵连通子图为连通图的最小生成树。同生成树,最小生成树也不唯一。如图 9.5 中连通图 G2 有两棵最小生成树 MST1 和 MST2。

最小生成树的性质:设 G=(V,E)是连通带权图,U 是顶点集 V 的真子集。如果(u,v)∈E,且 u∈U,v∈V−U,且在所有这样的边中,(u,v)的权 c[u][v]最小,那么一定存在 G 的一棵最小生成树,它以(u,v)为其中一条边。

求连通图的最小生成树的算法中 Prim 算法和 Kruskal 算法最常用。

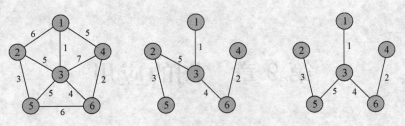

图 9.5　连通图 G2 有两棵最小生成树 MST1 和 MST2

Prim 算法:

Prim 算法基本思想是:从连通网 G=(V,E)中的某一顶点 u0 出发,选择与它关联的具有最小权值的边(u0,v),将其顶点 v 加入到生成树的顶点集合 U 中,边(u0,v)加入到生成树的边集合 TE 中。以后每一步从一个顶点在 U 中,而另一个顶点不在 U 中的各条边中选择权值最小的边(u,v),把顶点 v 及边(u,v)分别加入到集合 U 与 TE 中。如此继续下去,直到网中的所有顶点都加入到生成树顶点集合 U 中为止,此时,T=(U,TE)就是最小生成树。图9.6 演示了用 Prim 算法生成的最小生成树的过程。

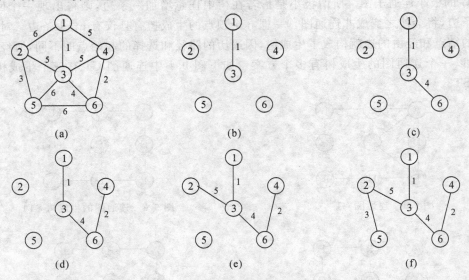

图 9.6　最小生成树的 Prim 算法

Prim 算法描述:

```
输入:G=(V,E)                    //n 个顶点的连通网
输出:T=(U,TE)                   //最小生成树
U={u0};                         // u0 为初始点
TE=Φ;                          //初始生成数的边集合为空
for( k=1; k<n; k++){            // 循环 n-1 次
    在所有 u∈U 和 v∈V-U 的带权边中求最小权值的边<u,v>
    U=U ∪ {v}                   //将新找到的顶点加入顶点集合 U
    TE=TE ∪ {<u, v>}            //将新边加入到生成树的边集合 TE
}
```

Prim 算法分析:Prim 算法中有两重 for 循环,所以时间复杂度为 O(n * n)。该算法时间

复杂度与网中的边数无关,适用于求边稠密的网的最小生成树。

Kruskal 算法(避圈法):

Kruskal 算法基本思想是:为使生成树上总的权值之和达到最小,则应使每一条边上的权值尽可能地小,自然应从权值最小的边选起,直至选出 n−1 条互不构成回路的权值最小边为止。图 9.7 演示了用 Kruskal 算法生成图 9.6(a)最小生成树的过程。

Kruskal 算法描述:

```
输入:G=(V,E)              //n 个顶点的连通网
输出:T=(TE)               //最小生成树
TE=Φ;                    //初始生成数的边集合为空
Sort(G);                 //对边按权值递增排序
While( TE 中边数 < n ){   // 循环 n−1 次
    从边集中选择不产生回路的边<u, v>;
    TE=TE ∪ {<u, v>}      //将新边加入到生成树的边集合 TE
}
```

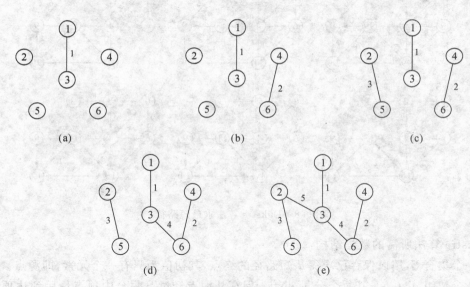

图 9.7　最小生成树的 Kruskal 算法

Kruskal 算法分析:完整的 Kruskal 算法应包括对边按权值递增排序。边已排序后,该算法与 n 无关,只与 e 有关,算法的时间复杂度为 O(e)。所以说该算法适合于求边稀疏网的最小生成树。

9.1.2　最短路径

最短路径定义:在有向图或有向网中,从一个顶点(源点)到另一个顶点(终点)的路径中路径长度(带权路径长度)最短的那条路径。

最短路径的特点:如果 P 是有向图 G 中从 vs 到 vj 的最短路径,vi 是 P 中的一个点,则从 vs 沿 P 到 vi 的路是从 vs 到 vi 的最短路径。因此,每一条最短路径必定只有两种情况,或者是由源点直接到达终点,或者是只经过已经求得最短路径的顶点到达终点。

两种最常见的最短路径问题:(1)求从某个源点到其余各顶点的最短路径;(2)每对顶点间

的最短路径。

求最短路径的算法有十余种,最基础的是 Dijkstra 算法。

Dijkstra 算法基本思想是:以源点为中心向外层层扩展,扩展过程中,按从源点到其他终点的最短路径长度递增的次序先后产生这些最短路径,直到扩展到终点为止。每个点都有一对标号(dj,pj),其中 dj 是从源点 s 到点 j 的最短路径的长度;pj 则是从 s 到 j 的最短路径中 j 点的前一点。图 9.8 展示了用 Dijkstra 算法求最短路径的过程。

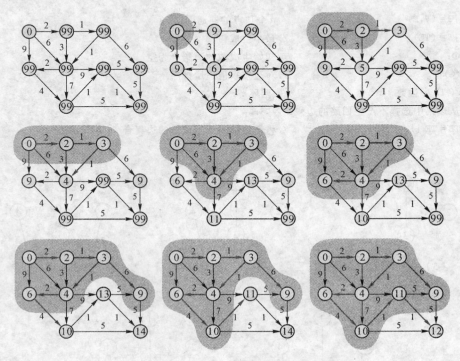

图 9.8   Dijkstra 算法求最短路径

Dijkstra 算法所需的数据结构:

1)一个集合 S,用以保存已求得最短路径的终点,其初值为只有一个元素,即源点。

2)一个数组 dist[n],其每个分量 dist[j] 保存从源点经过 S 集合中顶点最后到达顶点 j 的路径中最短路径的长度。其初值为从源点到每个终点的弧的权值(没弧则置为∞)。

3)一个指针数组 path[n],path[j] 指向一个单链表,保存相应于 dist[j] 的从源点到顶点 j 的最短路径(即顶点序列)。初值为空。

Dijkstra 算法描述:

1)初始化:S ← { v0 };

   dist[j] ← Edge[0][j],   j = 1,2,…,n−1;

   path[j] ← <0,j>;   // n 为图中顶点个数

2)求出最短路径的长度:

   dist[k] ← min { dist[i] },   i∈V−S;

   S ← S∪{ k };

3)修改:

   dist[i] ← min{ dist[i], dist[k] + Edge[k][i] },

若 dist[i] 修改了，则　path[i] ← path[k]　加上 i，对于每一个 i∈V−S ；

4) 判断：若 S = V，则算法结束，否则转 ②。

Dijkstra 算法分析：Dijkstra 算法能得出最短路径的最优解，但由于它遍历计算的节点很多，所以效率低。求两个顶点之间的最短距离的 Dijkstra 算法的时间复杂度为 O(n＊n)。若要求每一对顶点之间的最短路径，需要每次以一个顶点为源点，重复执行 Dijkstra 算法 n 次，时间复杂度为 O(n＊n＊n)。

9.1.3　拓扑排序

拓扑序列(TopoiSicai Order)的定义：设 G＝(V,E) 是一个具有 n 个顶点的有向图，V 中顶点序列 v1,v2,…,vn 称为一个拓扑(有序)序列，当且仅当该顶点序列满足下列条件：若＜vi,vj＞表示从顶点 vi 到 vj 有一条路径，则在序列中顶点 vi 必须排在顶点 vj 之前。拓扑序列不唯一。

拓扑排序(Topological Sort)的定义：在一个有向图中找一个拓扑序列的过程称为拓扑排序。

AOV 网(Activity On Vertices,顶点表示活动的网) 的定义：通常可用有向图来描述和分析一项工程的计划和实施过程。一个工程常被分为多个小的子工程，这些子工程被称为活动(Activity)。在有向图中若以顶点表示活动，有向边表示活动之间的先后制约关系，这样的图称为顶点表示活动的网，简称 AOV 网。AOV 网是一种可以形象地反映出整个工程中各个活动之间的先后关系的有向图。AOV 网是有向无环图，即图中不存在回路(即环)。

拓扑排序算法所需的数据结构：

1) AOV 网多数情况下是稀疏图，所以采用邻接表存储结构；

2) 设置一个数组 d[n]，保存各顶点的入度。入度为零的顶点即无前驱顶点。

拓扑排序算法描述：

1) 输入 AOV 网，n 为顶点个数。

2) 在 AOV 网中选一个没有直接前驱(即入度为 0)的顶点，并输出之；

3) 从图中删去该顶点，同时删去所有它发出的有向边(出边)；

4) 重复以上 2)、3)步，直到：

① 全部顶点均已输出，则拓扑序列形成；

② 或图中还有未输出的顶点，但它们都有直接前驱，则输出"网中存在回路"。

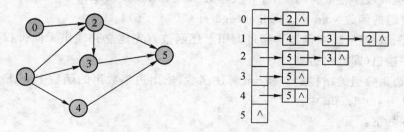

图 9.9　AVO 网和对应邻接表

某 AVO 网和对应邻接表如上图 9.9 所示，数组 d[n]的演算过程如下表所示：

顶点输出顺序	0	1	2	3	4	5
1	0	0	2	2	1	3
4	0	−1	1	1	0	3
0	0	−1	1	1	−1	2
2	−1	−1	0	1	−1	2
3	−1	−1	−1	0	−1	1
5	−1	−1	−1	−1	−1	−1

上述过程可以得到一个拓扑序列：v1,v4,v0,v2,v3,v5。

拓扑排序算法分析：时间复杂度为 $O(n+e)$。

9.2 实验项目

9.2.1 图的最小生成树实验

1. 实验目的

(1)掌握图的最小生成树的概念。

(2)掌握生成最小生成树的 Prim 算法(用邻接矩阵表示图)。

2. 实验内容

(1)编写用邻接矩阵表示无向带权图时图的基本操作的实现函数,基本操作包括：

① 初始化邻接矩阵表示的无向带权图 void   InitMatrix(adjmatrix G)；

② 建立邻接矩阵表示的无向带权图 void   CreateMatrix(adjmatrix G, int n)（即通过输入图的每条边建立图的邻接矩阵）；

③ 输出邻接矩阵表示的无向带权图 void   PrintMatrix(adjmatrix G, int n)（即输出图的每条边）。

把邻接矩阵的结构定义以及这些基本操作实现函数存放在头文件 Graph1.h 中。

(2)编写生成最小生成树的 Prim 算法函数 void Prim(adjmatrix G, edgeset CT, int n),以及输出边集数组的函数 void PrintEdge(edgeset CT, int n)。

(3)编写测试程序(即主函数),通过调用上述函数首先建立并输出无向带权图,然后生成最小生成树并输出(即输出边集)。

要求：把边集数组的结构定义、Prim 算法函数、输出边集数组的函数 PrintEdge 以及主函数存放在文件 test9_1.cpp 中。

测试数据如下：

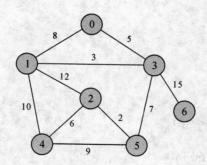

（4）填写实验报告。

3. 实验提示

（1）头文件 Graph1. h 框架可参考如下：

//定义图的邻接矩阵存储结构

```
const int   MaxVertexNum  = 10;      /* 图的最大顶点数 */
const int   MaxEdgeNum = 100;        /* 图的最大边数 */
const int   MaxValue = 10000;        /* 无穷大的具体值 */


//定义邻接矩阵类型
typedef int WeightType;
typedef char vexlist[MaxVertexNum];
typedef int adjmatrix[MaxVertexNum][MaxVertexNum];


void   InitMatrix(adjmatrix GA)
{//初始化邻接矩阵表示的无向带权图 GA
    ……
}


void   CreateMatrix(adjmatrix GA, int n)
{//建立邻接矩阵表示的无向带权图,即通过输入图的每条边建立邻接矩阵 GA;
//n 为顶点数。
    ……
}


void   PrintMatrix(adjmatrix GA, int n)
{   //输出邻接矩阵表示的无向带权图 GA（即输出图的每条边）,n 为顶点数。
    ……
}
```

（2）主文件 test9_1. cpp 框架可参考如下：

```
# include <stdio.h>
# include <iostream.h>
# include "Graph1.h"
```

```
//图的边集数组定义
typedef  struct {
    int  fromvex;
    int  endvex;
    WeightType  weight;
} edge;
typedef edge edgeset[MaxEdgeNum];

void PrintEdge(edgeset CT, int n)
{//输出边集数组 CT,n 为顶点数
    ……
}

void Prim(adjmatrix GA, edgeset CT, int n)
{ //求从 v0 出发用邻接矩阵 GA 表示的图的最小生成树
    //最小生成树的边集存于数组 CT 中,n 为顶点数
    ……
}

void main()
{ //主函数
    adjmatrix GA;
    edgeset CT;
    int i,n,total;

    InitMatrix(GA);
    cout << "输入图的顶点数目:" << endl;
    cin >> n;
    cout << "输入图的边:" << endl;
    CreateMatrix(GA, n);
    cout <<"\n 输出邻接矩阵表示的无向带权图 "<< endl;
    PrintMatrix(GA,  n);
    Prim( GA,  CT,  n);  //生成最小生成树的 Prim 算法函数
    cout <<"\n 用 Prim 算法生成最小生成树"<< endl;
    PrintEdge(CT,  n);
}
```

9.2.2 图的最短路径实验

1. 实验目的

(1)掌握图的最短路径概念。

(2)理解并能实现求最短路径的 DijKstra 算法(用邻接矩阵表示图)。

2. 实验内容

(1)编写用邻接矩阵表示有向带权图时图的基本操作的实现函数,基本操作包括:

① 初始化邻接矩阵表示的有向带权图 void InitMatrix(adjmatrix G);

② 建立邻接矩阵表示的有向带权图 void CreateMatrix(adjmatrix G, int n)（即通过输入图的每条边建立图的邻接矩阵）;

③ 输出邻接矩阵表示的有向带权图 void PrintMatrix(adjmatrix G, int n)（即输出图的每条边）。

把邻接矩阵的结构定义以及这些基本操作函数存放在头文件 Graph2.h 中。

（2）编写求最短路径的 DijKstra 算法函数 void Dijkstra(adjmatrix GA, int dist[], edgenode * path[], int i, int n)，该算法求从顶点 i 到其余顶点的最短路径与最短路径长度，并分别存于数组 path 和 dist 中。编写打印输出从源点到每个顶点的最短路径及长度的函数 void PrintPath(int dist[], edgenode * path[], int n)。

（3）编写测试程序（即主函数），首先建立并输出有向带权图，然后计算并输出从某顶点 v0 到其余各顶点的最短路径。

要求：把指针数组的基类型结构定义 edgenode、求最短路径的 DijKstra 算法函数、打印输出最短路径及长度的函数 PrintPath 以及主函数存放在文件 test9_2.cpp 中。

测试数据如下：

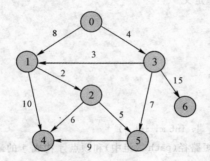

（4）填写实验报告。

3. 实验提示

（1）头文件 Graph2.h 框架可参考如下：

```
//定义图的邻接矩阵存储结构
const int   MaxVertexNum  = 10;        /*图的最大顶点数*/
const int   MaxEdgeNum = 100;          /*图的最大边数*/
const int   MaxValue = 10000;          /*无穷大的具体值*/


//定义邻接矩阵类型
typedef int WeightType;
typedef char vexlist[MaxVertexNum];
typedef int adjmatrix[MaxVertexNum][MaxVertexNum];

void  InitMatrix(adjmatrix GA)
{//初始化邻接矩阵表示的有向带权图 GA
    ..............
}
```

```
void  CreateMatrix(adjmatrix GA, int n)
{//建立邻接矩阵表示的有向带权图,即通过输入图的每条边建立图的邻接矩阵 GA
//n 为顶点数。
    ............
}


void  PrintMatrix(adjmatrix GA, int n)
{ //输出邻接矩阵表示的有向带权图 GA(即输出图的每条边),n 为顶点数
    ............
}
```

(2)主文件 test9_2.cpp 框架可参考如下:

```
# include <stdio.h>
# include <iostream.h>
# include "Graph2.h"


//指针数组 Path[n]的基类型定义
typedef  struct  Node
{
    int      adjvex;
    struct Node    * next;
}  edgenode;

void PATH( edgenode * path[ ], int m, int j)
{// 根据源点到顶点 m 的最短路径(path 数组中)和顶点 j 构成 j 的最短路径
    ............
}


void Dijkstra( adjmatrix GA, int dist[ ], edgenode * path[ ], int i, int n)
{// 求图 GA 从顶点 i 到其余顶点的最短路径与最短路径长度,
// 分别存于数组 path 和 dist 中
    ............
}


void PrintPath(edgenode * path[ ],int dist[ ],int n)
{//根据最短路径数组 path 与最短路径长度数组 dist,
//打印输出从源点到每个顶点的最短路径及长度
    ............
}


void main()
{
    adjmatrix GA;
    edgenode * path[MaxVertexNum];
```

```
        int dist[MaxVertexNum];
        int n;

        InitMatrix(GA);
        cout << "输入图的顶点数目:" << endl;
        cin >> n;
        cout << "输入图的边:" << endl;
        CreateMatrix(GA, n);
        cout <<"\n 输出邻接矩阵表示的有向带权图 "<< endl;
        PrintMatrix(GA,  n);
        cout <<"\n 用 Dijkstra 算法计算从 0 号顶点出发的最短路"<< endl;
        Dijkstra(GA, dist, path, 0, n);   //计算最短路径
        PrintPath(path,dist,n);
    }
```

9.2.3　图的拓扑排序实验

1. 实验目的

(1)掌握拓扑排序概念。

(2)理解并能实现拓扑排序算法(采用邻接表表示图)。

2. 实验内容

(1)编写用邻接表表示有向无权图时图的基本操作的实现函数,基本操作包括:

① 初始化用邻接表表示的有向无权图 void InitAdjoin(adjlist G);

② 建立用邻接表表示的有向无权图 void CreateAdjoin (adjlist G, int n)(即通过输入图的每条边建立图的邻接表);

③ 输出用邻接表表示的有向无权图 void PrintAdjoin (adjlist G, int n)(即输出图的每条边)。

把邻接表的结构定义以及这些基本操作实现函数存放在头文件 Graph3.h 中。

(2)编写拓扑排序算法 void Toposort(adjlist G, int n)(输入为图的邻接表,输出为相应的拓扑序列)。

(3)编写测试程序(即主函数),首先建立并输出有向无权图,然后进行拓扑排序。

要求:把拓扑排序函数 Toposort 以及主函数存放在主文件 test9_3.cpp 中。

测试数据如下:

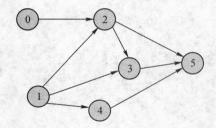

(4)填写实验报告。

3. 实验提示

(1)头文件 Graph3.h 框架可参考如下:

```
typedef  struct  Node
{
    int   adjvex;                    //邻接点的位置
    WeightType  weight;              //权值域,根据需要设立
    struct Node  * next;             //指向下一条边(弧)
} edgenode;              //边结点

typedef   edgenode   * adjlist[ MaxVertexNum ];     //定义图的邻接表结构类型

void   InitAdjoin(adjlist G)
{//初始化用邻接表表示的有向无权图 G
    …………
}


void CreateAdjoin( adjlist G, int n)
{//建立用邻接表表示的有向无权图,即通过输入图的每条边建立图的邻接表 G
//n 为顶点数。
    …………
}


void PrintAdjoin( adjlist G, int n)
{//输出用邻接表表示的有向无权图 G(即输出图的每条边),n 为顶点数
    …………
}
```

(2)主文件 test9_3.cpp 框架可参考如下:

```
# include <stdio.h>
# include <iostream.h>
# include "Graph3.h"

void  Toposort( adjlist G, int n)
{ //输出图 G 的拓扑序列
    …………
}


void main()
{
    adjlist   GL;
    int D[MaxVertexNum];
    int i, n;
    n = 6;
```

```
InitAdjoin(GL);
CreateAdjoin(GL, n);
PrintAdjoin( GL, n);
Toposort(GL, n);
}
```

9.3 习题范例解析

1. 选择题:有拓扑排序的图一定是_____。

(A)有环图　　　　(B)无向图　　　　(C)强连通图　　　　(D)有向无环图

【答案】　D

【解析】　环图是不能进行拓扑排序的。

2. 填空题:如果含 n 个顶点的图形成一个环,则它有_____棵生成树。

【答案】　n

【解析】　n 个顶点的图形成的环有 n 条边,每破一条边形成一棵生成树。

3. 证明题:证明最小生成树的性质:设 G=(V,E)是连通带权图,U 是 V 的真子集。如果 (u,v)∈E,且 u∈U,v∈V−U,且在所有这样的边中,(u,v)的权 c[u][v]最小,那么一定存在 G 的一棵最小生成树,它以(u,v)为其中一条边。

【证明】　用反证法。

假设不存在这样一棵包含边(u,v)的最小生成树。任取一棵最小生成树 T,将(u,v)加入 T 中。根据树的性质,此时 T 中必形成一个包含(u,v)的回路,且回路中必有一条边(u′,v′)的权值大于或等于(u,v)的权值。删除(u′,v′),则得到一棵代价小于等于 T 的生成树 T′,且 T′ 为一棵包含边(u,v)的最小生成树。这与假设矛盾,故该性质得证。

4. 应用题:分别用 Prim 算法和 Kruskal 算法求下图的最小生成树,并计算其代价。

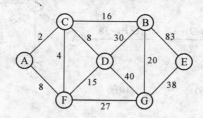

【答案】　本题中用 Prim 算法和 Kruskal 算法所得的最小生成树树型一样,如下图所示,代价均为 88。

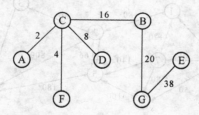

【解析】　Prim 算法过程如下:

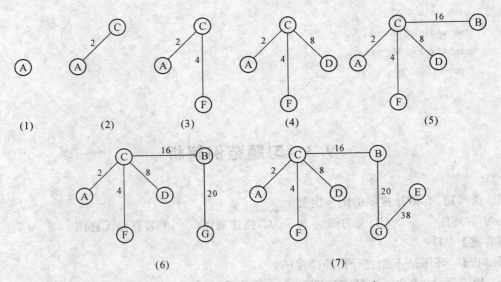

(1)   (2)   (3)   (4)   (5)

(6)   (7)

Kruskal 算法过程如下:构造生成树前需要对边按权值递增排序。

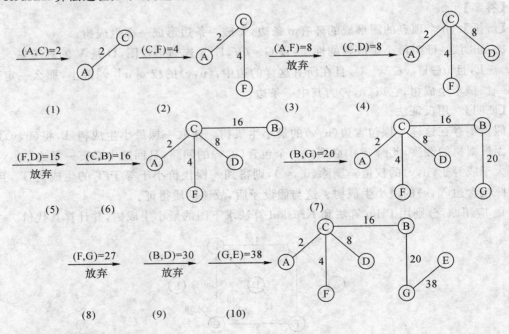

(1)   (2)   (3)   (4)

(5)   (6)   (7)

(8)   (9)   (10)

最小生成树的代价为:88。

5. 应用题:对于下图所示的有向带权图,求出从顶点 0 到其余各顶点的最短路径。

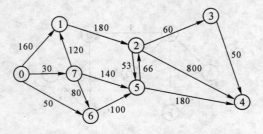

【答案】 从顶点 0 到顶点 1 至 7 的最短路径分别为:150,216,276,326,150,50,30。

【解析】 使用 Dijkstra 算法：

1）首先分析得到该图对应的邻接矩阵：

$$
COST = \begin{array}{c} \\ 0 \\ 1 \\ 2 \\ 3 \\ 4 \\ 5 \\ 6 \\ 7 \end{array}
\begin{array}{c} \begin{array}{cccccccc} 0 & 1 & 2 & 3 & 4 & 5 & 6 & 7 \end{array} \\
\left[\begin{array}{cccccccc}
\infty & 160 & \infty & \infty & \infty & \infty & 50 & 30 \\
\infty & \infty & 180 & \infty & \infty & \infty & \infty & \infty \\
\infty & \infty & \infty & 60 & 800 & 53 & \infty & \infty \\
\infty & \infty & \infty & \infty & 50 & \infty & \infty & \infty \\
\infty & \infty & \infty & \infty & \infty & \infty & \infty & \infty \\
\infty & \infty & 66 & \infty & 180 & \infty & \infty & \infty \\
\infty & \infty & \infty & \infty & \infty & 100 & \infty & \infty \\
\infty & 120 & \infty & \infty & \infty & 140 & 80 & \infty \\
\end{array} \right]
\end{array}
$$

2）根据 Dijkstra 算法，逐步推算距离数组 dist[n] 的值：

步 骤	被选中的顶点	距离矩阵 DIST								未访问顶点 (S[i]＝0)
		0	1	2	3	4	5	6	7	
0		0	160	∞	∞	∞	∞	50	30	1,2,3,4,5,6,7
1	7	0	150	∞	∞	∞	170	50	30	1,2,3,4,5,6
2	6	0	150	∞	∞	∞	150	50	30	1,2,3,4,5
3	1	0	150	340	∞	∞	150	50	30	2,3,4,5
4	5	0	150	216	∞	330	150	50	30	2,3,4
5	2	0	150	216	276	330	150	50	30	3,4
6	3	0	150	216	276	326	150	50	30	4
7	4	0	150	216	276	326	150	50	30	

3）指针数组 path[n] 中保存了从源点到各终点的最短路径：

起 点	终 点	最短路径	最短路径长度
0	1	0→7→1	150
0	2	0→6→5→2	216
0	3	0→6→5→2→3	276
0	4	0→6→5→2→3→4	326
0	5	0→6→5	150
0	6	0→6	50
0	7	0→7	30

6.应用题：设备更新问题：某企业使用一台设备，每年年初，经理就要决定是购置新设备，还是继续使用旧的。若购置新设备，就要支付一定的购置费；若继续使用旧的，则需要支付一定的维修费。现在的问题是如何制定一个几年之内的设备更新计划，使得总的支付费用最少。用一个五年内要更新某设备的计划为例，若该种设备在各年年初的价格为下表；

购置年份	第1年	第2年	第3年	第4年	第5年
购置费用	11	11	12	12	13

以及使用不同时间的设备所需维修费为下表。

使用年数	0—1	1—2	2—3	3—4	4—5
维修费用	5	6	8	11	18

【答案】　设备更新计划为：第一年添置新设备，使用2年后，第三年初更新设备，使用一年后，第四年初更新设备，一直使用到第五年底，总费用最低，为53。

【解析】　弧(Vi,Vj)表示第i年年初购进的设备一直使用到第j年年初(第j-1年年底)的费用，包括购买费用和维修费用。制定一个最优的设备更新计划的问题就等价于寻求从V1到V6的最短路径问题。

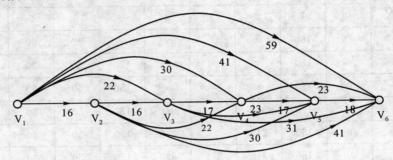

用Dijkstra算法分析过程如下：

	V1	V2	V3	V4	V5	V6
0	0	16	22	30	41	59
1		16/V1	22	30	41	57
2			22/V1	30	41	53
3				30/V4	41	53
4					41/V1	53
5						53/V3,V4

最短路径为：V1V3V4，即第一年添置新设备，使用2年后，第三年初更新设备，使用一年后，第四年初更新设备，一直使用到第五年底，总费用最低，为53。

7. 应用题：如下所示的有向图存储在邻接表中，请列出对应的拓扑序列。

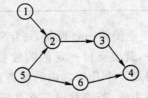

【答案】　拓扑序列为：V5，V6，V1，V2，V3，V4。

【解析】 有向图的拓扑序列可能不唯一,但存储结构确定后,则有唯一的运行结果。该图对应的邻接表如下:

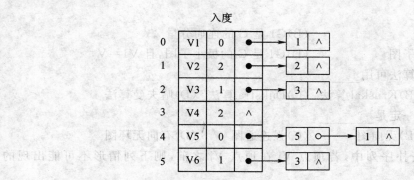

V1 和 V5 先后入栈,由于 V5 在栈顶,先出栈,并从第一个邻接点开始,将所有邻接点的入度减 1,如果入度减为 0,顶点入栈(对应此图,即 V6 入栈)。依此类推,步骤如下,拓扑序列为:V5,V6,V1,V2,V3,V4。

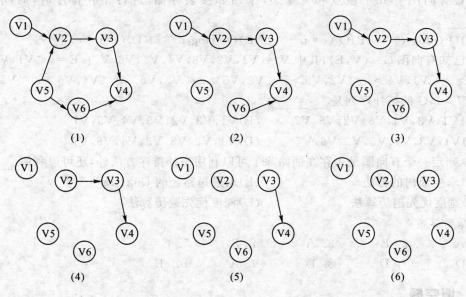

9.4 习 题

9.4.1 选择题

1. 连通图的极小连通子图称为该图的_____。

(A)生成树　　　(B)回路　　　(C)最小回路　　　(D)关键路径

2. 任何一个无向连通图的最小生成树_____。

(A)只有一棵　　　　　　　　　(B)有一棵或多棵

(C)一定有多棵　　　　　　　　(D)可能不存在

3. 图的 BFS 生成树的树高比 DFS 生成树的树高_____。

(A)小或相等　　　(B)小　　　　　(C)大或相等　　　(D)大

4. 设有两个无向图 G＝(V,E),G1＝(V1,E1),如果 G1 是 G 的生成树,则下列说法不正确的是_____。

(A)G1 是 G 的子图　　　　　　　(B)G1 是 G 的连通分量

(C)G1 是 G 的无环子图　　　　　(D)G1 是 G 的极小子图,且 V1＝V

5. 最短路径的生成算法可用_____。

(A)Prim 算法　　(B)Kruskal 算法　(C)Dijkstra 算法　(D)哈夫曼算法

6. 有拓扑排序的图一定是_____。

(A)有环图　　　　(B)无向图　　　　(C)强连通图　　　(D)有向无环图

7. 在有向图 G 的拓扑序列中,若顶点 Vi 在顶点 Vj 之前,则下列情形不可能出现的是_____。

(A)G 中有弧＜Vi,Vj＞　　　　　(B)G 中有一条从 Vi 到 Vj 的路径

(C)G 中没有弧＜Vi,Vj＞　　　　(D)G 中有一条从 Vj 到 Vi 的路径

8. 设有向图有 n 个顶点和 e 条边,采用邻接表存储,进行拓扑排序时,时间复杂度为_____。

(A)O (nlog₂e)　　(B)O (e * n)　　(C)O(elog₂n)　　(D)O (n＋e)

9. 已知有向图 G＝(V,E),其中 V＝{V1,V2,V3,V4,V5,V6,V7},E＝{＜V1,V2＞,＜V1,V3＞,＜V1,V4＞,＜V2,V5＞,＜V3,V5＞,＜V3,V6＞,＜V4,V6＞,＜V5,V7＞,＜V6,V7＞},G 的拓扑序列是_____。

(A)V1,V3,V4,V6,V2,V5,V7　　　(B)V1,V3,V2,V6,V4,V5,V7

(C)V1,V3,V4,V5,V2,V6,V7　　　(D)V1,V2,V5,V3,V4,V6,V7

10. 判定一个有向图是否存在回路除了可以利用拓扑排序方法外,还可以利用_____。

(A)求生成树的方法　　　　　　(B)求最短路径的 Dijkstra

(C)宽度优先遍历算法　　　　　(D)深度优先遍历算法

选择题答案:

1. A　　　2. B　　　3. A　　　4. B　　　5. C

6. D　　　7. D　　　8. D　　　9. D　　　10. D

9.4.2　填空题

1. 一个图的生成树的顶点是图的_____顶点。

2. 对具有 n 个顶点的图其生成树有且仅有_____条边,即生成树是图的边数_____的连通图。

3. 一个连通图的生成树是含有该连通图的全部顶点的一个_____。

4. 若连通图 G 的顶点个数为 n,则 G 的生成树的边数为_____。

5. 如果 G 的一个子图 G' 的边数_____,则 G' 中一定有环。相反,如果 G' 的边数_____,则 G' 一定不连通。

6. Prim 算法适用于求_____网的最小生成树;Kruskal 算法适用于求_____网的最小生成树。

7. 一个有向图 G 中若有弧＜Vi,Vj＞、＜Vj,Vk＞和＜Vi,Vk＞,则在图 G 的拓扑序列中,顶点 Vi、Vj 和 Vk 的相对位置为_____。

填空题答案：

1. 所有

2. n－1，最少

3. 极小连通子图

4. n－1

5. 大于 n－1，小于 n－1

6. 稀疏，稠密

7. Vi、Vj、Vk

9.4.3　应用题

1. 下图为一无向连通网络，试按邻接矩阵存储结构画出从顶点 1 出发的深度优先生成树、广度优先生成树、最小生成树。

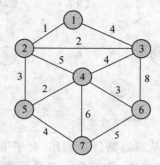

2. 带权图（权值非负，表示边连接的两顶点间的距离）的最短路径问题是找出从初始顶点到目标顶点之间的一条最短路径。假定从初始顶点到目标顶点之间存在路径，现有一种解决该问题的方法：

①设最短路径初始时仅包含初始顶点，令当前顶点 u 为初始顶点；

②选择离 u 最近且尚未在最短路径中的一个顶点 v，加入到最短路径中，修改当前顶点 u＝v；

③重复步骤②，直到 u 是目标顶点时为止。

请问上述方法能否求得最短路径？若该方法可行，请证明之；否则，请举例说明。

3. 请用图示说明下图从顶点 a 到其余各顶点之间的最短路径。

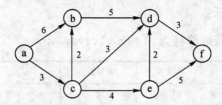

4. 用 Dijkstra 算法求图中从 v0 到 v5 的最短路径。

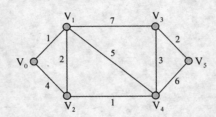

5. 过桥问题：4 个人在晚上过一座小桥，过桥时必须要用到手电筒，只有一枚手电筒，每次最多只可以有两人通过（人多了桥支撑不住就塌了），4 个人的过桥速度分别为 1 分钟、2 分钟、5 分钟、10 分钟，试问最少需要多长时间 4 人才可以全部通过小桥？

应用题答案：

1.

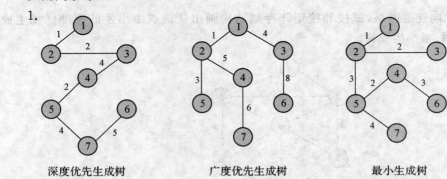

深度优先生成树　　　　广度优先生成树　　　　最小生成树

2. 该方法求得的路径不一定是最短路径。例如，对于下图所示的带权图，如果按照题中的原则，从 A 到 C 的最短路径为 A→B→C，事实上其最短路径为 A→D→C。

3.

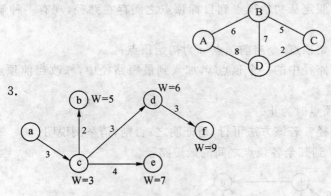

4. 算法过程如下，可得最短路径为：T＝v0v1v2v4v3v5。

	V0	V1	V2	V3	V4	V5
0	0	1	4	∞	∞	∞
1		1/v0	3	8	6	∞
2			3/v1	8	4	∞
3				7	4/v2	10
4				7/v4		9
5						9/v3

5. 该问题可用图论来建模,以 4 个人在桥两端的状态作为节点可构造一个有向图。如下图所示,以已经过桥了的人的状态作为图的节点,初始时没有人过桥,所以以空表示,第一轮有两个人过桥,有 6 种可能的组合,(1,2)(1,5)(1,10)(2,5)(2,10)(5,10),从空的状态转换到这些状态的需要的时间分别为 2,5,10,5,10,10 分钟,时间就作为有向边的权值。当有两个人过桥后,需要一个人拿手电筒回去接其他人,这时有四种可能的情况,分别是 1,2,5,10 中的一人留在了河的对岸,(1,2)这种状态只能转换到(1)(2)两种状态,对应的边的权值分别为 2,1 分钟,(1,2)转换到(1)时也就是 2 返回了,返回需要耗时 2 分钟,以此类推可以建立以下的图论模型。要求出最少需要多长时间 4 人全部通过小桥实际上就是在图中求出(空)节点到(1,2,5,10)节点间的最短路径。最短路径为:(空)→(1,2)→(2)→(2,5,10)→(5,10)→(1,2,5,10),共需要 17 分钟。

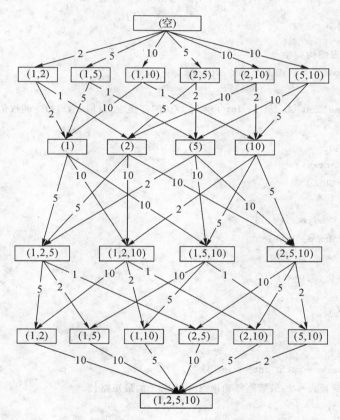

9.4.4　算法设计题

1. 无向图用邻接表存储,写出邻接表定义,并设计算法,求图中顶点 Vi 到 Vj 的最短路径。

2. 有向图存储在邻接表中。试设计一个算法,按深度优先搜索策略对其进行拓扑排序。

算法设计题答案:

1.【算法分析】

(1)定义邻接表,初始化;

(2)增加函数 WeightType Dis(adjList GL,int i,int l),通过访问邻接表,返回<Vi,Vl>

的权值；

（3）修改 Dijkstra 算法，依次求出从 Vi 到每个终点的最短路径，但仅需返回终点 Vj 的最短路径和长度。

【算法源代码】

```
const int   MaxValue = 10000;          /*无穷大的具体值*/

typedef   struct   Node
{
    int              adjvex;                //邻接点的位置
    WeightType       weight;                //权值域,根据需要设立
    struct Node      * next;                //指向下一条边(弧)
    } edgenode;                             //边结点


//定义图的邻接表结构类型
typedef   edgenode  * adjList[ MaxVertexNum ];

WeightType Dis(adjList GL,int i, int l)     //访问邻接表,返回<Vi,Vl>的权值
{
    edgenode * p;
    p = GL[i] ->next;
    while( p ! = NULL)
    {
        if (p ->adjvex == l)
            return p ->weight;
        else
            p = p ->next;
    }
    return MaxValue;
}


void PATH( edgenode * path, int m, int j)
{    // 由源点到顶点 m 的最短路径和顶点 j 构成 j 的最短路径
    edgenode * p, * q, * s;
    p = path[j];
    while (p ! = NULL)  {   // 删除 p[j] 单链表
        path[j] = p ->next;
        delete p;
        p = path[j];
    }
    p = path[m];
    while (p ! = NULL)  {   // 复制 m 的最短路径到 p[j] 链表上
        q = new edgenode;
        q ->adjvex = p ->adjvex;
```

```
            if (path[j] == NULL)
                path[j] = q;
            else
                s - >next = q;
            s = q;
            p = p - >next;
        }
        // 把顶点 j 加入到 path[j] 单链表最后
        q = new edgenode;
        q - >adjvex = j;
        q - >next = NULL;
        s - >next = q;
    }


edgenode * Dijkstra( adjList GL, int dist[ ], edgenode * path[ ], int i, ing j, int n)
{
    // 求从顶点 i 到顶点 j 的最短路径与最短路径长度,
    // 最短路径长度在 dist[j] 中,最短路径链表由函数值返回
    int l, k, m, w;
    edgenode * p1,  * p2;
    bool * s;
    s = new bool[n];
    for( l = 0; l<n; l ++ ) {   //给 s, dist, path 赋初值
        if (l == i)
            s[l] = true;
        else
            s[l] = false;
        dist[l] = Dis(GL,i,l);
        if (dist[l] < MaxValue && l != i)   {
            p1 = new edgenode;
            p2 = new edgenode;
            p1 - >adjvex = i;      p2 - >adjvex = l;
            p1 - >next = p2;       p2 - >next = NULL;
            path[l] = p1;
        }
        else
            path[l] = NULL;
    }
    //循环 n - 2 次,依次求出从 i 到每个终点的最短路径
    for (k = 1; k< = n - 2; k++) {
        w = MaxValue;
        m = i;
        // 从还没求出最短路径的顶点中找路径最短的终点 m
        for (l = 0;  l<n;  l ++)
```

```
            if ( s[l] == false  && dist[l]<w )  {
                w = dist[l];        m = l;
            }
        if ( m ! = i && m ! = j )
            s[m] = true;            // 把 m 并入集合
        else
            break;                  // 最短路径均为∞ ,则无需再计算
        for ( l = 0;  l<n;  l ++ )      // 修改剩余顶点的 dist 与 path
            if ( s[l] == false && dist[m] + Dis(GL,m,l) < dist[l] )  {
                dist[l] = dist[m] + Dis(GL,m,l);
                PATH(path, m, l);
            }//修改 path[l]为 path[m]加上 l
    }  // 外循环 for
    if ( m == j )
        return path[j];
    else
        return NULL;
}
```

2.【算法分析】

(1)首先邻接表初始化;

(2)增加两个辅助数组和一个工作变量:

```
int count = 0;                      //访问计数,初始时为 0。
int visited[MaxVertexNum];          //各顶点访问顺序
int indegree[MaxVertexNum ];        //记录各顶点入度,需要调用计算顶点入度的函数计算;
```

(3)使用递归实现深度优先搜索。

【算法源代码】

```
int count = 0;
int visited[MaxVertexNum];
int indegree[MaxVertexNum ];
void dfs( adjlist  GL,int visited[ ], int indegree[ ], int v, int & count)
{
    count ++ ;  visited[v] = count;
    printf("( % d)  % d \t",count,v );
    edgenode  * p = GL[v];
    while( p ! = NULL ) {
        int w = p - >adjvex;
        indegree[w]-- ;
        if( visited[w] == 0 && indegree[w] == 0 )
            dfs( GL,visited, indegree, w, count );
        p = p - >next;
    }
}
```

```
void main()
{
    ......
    for( i = 0; i < n; i++ )
        if( visited[i] == 0 && indegree[i] == 0 )
            dfs( GL,visited, indegree, i, count );
    if( count < n )
        printf("排序失败！\n");
    else
        printf("排序成功！\n");
}
```

第10章 查 找

10.1 知识点概述

10.1.1 查找的概念

查找又称检索,就是在一个含有多个数据元素(记录)的查找表中,找出满足所给条件的第一条记录,若查找成功,则返回数据元素(记录)的值或存储位置,否则表明查找失败,返回一个特定值。

查找表是由同一类型的数据元素(记录)构成的集合。由于集合中的数据元素之间存在着完全松散的关系,因此,查找表是一种非常灵便的数据结构。只进行查询或检索操作的查找表称为静态查找表,若在查找过程中,同时进行插入或删除操作的查找表称为动态查找表。

关键字(key)是数据元素(记录)中某个数据项的值,用它可以标识(识别)一个数据元素(记录)。若此关键字可以唯一地标识一个记录,则称此关键字为主关键字,而称用以识别若干记录的关键字为次关键字。

无论采用何种查找方法,其查找过程都是用给定值 K 与查找表中的关键字按照一定的次序进行比较的过程,因此,其比较次数的多少就是相应算法的时间复杂度,一般用平均查找长度(ASL)来描述。平均查找长度就是在查找成功情况下的平均比较次数,其计算公式为:

$$ASL = \sum_{i=1}^{n} p_i c_i \text{ (p 为查找概率,c 为比较次数)}$$

若查找每个元素的概率相同,即为 $1/n$,则公式可简化为:

$$ASL = \frac{1}{n} \sum_{i=1}^{n} c_i$$

查找一般分为三大类:静态查找、动态查找和散列查找。本章只介绍静态查找中的顺序查找、二分查找、索引查找(分块查找),以及散列查找。

10.1.2 顺序查找

顺序查找又称线性查找,其基本思想是:从顺序表的一端开始,依次将每个元素的关键字与给定值 K 进行比较,若关键字与 K 相等,则查找成功,返回该元素的位置;若直到扫描结束仍未找到关键字值为 K 的元素,则查找失败,返回 -1。

顺序查找成功最多需比较 n 次,平均查找长度 ASL=(n+1)/2,查找失败需比较 n+1 次,时间复杂度为 O(n)。

顺序查找的缺点是速度较慢,其优点是既适用于顺序表,也适用于单链表,同时对表中元素的排列次序无任何要求。

10.1.3　二分查找

二分查找又称折半查找、对分查找,作为二分查找对象的数据表必须是顺序存储的有序表。其基本思想是:首先将给定值 K 与有序表中间位置元素的关键字相比较,若二者相等,则查找成功;否则,根据比较的结果确定下次查找区间是在中间元素的前半部分还是后半部分,然后在新的查找区间内进行同样的查找,如此重复下去,直到在表中找到关键字与 K 相等的元素,或者当前查找区间为空(表明查找失败)时止。

二分查找的过程可用二叉树来描述,将当前查找区间的中间位置元素作为根,左子表和右子表中的元素分别作为根的左子树和右子树,由此得到的二叉树称为描述二分查找的判定树。由于二分查找是在有序表上进行的,所以其对应的判定树必然是一棵二叉搜索树(排序树),且除最外层外,其余所有层的结点数都是满的。

有 n 个结点的判定树的深度 $h = \lceil lb(n+1) \rceil$,这表明无论是否查找成功,比较的次数最多为 h,因此,二分查找的时间复杂度为 O(lbn),而平均查找长度:

$$ASL = \frac{1}{n} \Big[\sum_{j=1}^{h-1} (j \times 2^{j-1}) + h(n+1-2^{h-1}) \Big]$$

约为 h−1,即 $ASL \approx lb(n+1) - 1$。

二分查找的优点是比较次数少,查找速度快,但在查找之要为建立有序表付出代价,因此,二分查找适用于数据被存储和排序后相对稳定的情况,另外,二分查找只适应于顺序存储的有序表,不适应于链接存储的有序表。

10.1.4　索引查找

1. 索引的概念

索引查找又称分级查找。在计算机中,索引查找是在线性表的索引存储结构的基础上进行的。索引存储结构的基本思想是:把一个线性表(称为主表)按照一定的函数关系或条件划分成若干个逻辑上的子表,为每个子表分别建立一个索引项,由所有这些索引项构成主表的一个索引表。索引表与每个子表可用顺序或链接的方式存储。索引表中的每个索引项通常包含3 个域:索引值域(index)、子表的开始位置域(start)、子表长度域(length)。

在索引存储中,若索引表中的每个索引项对应多条记录,则称为稀疏索引;若每个索引项唯一对应一条记录,则称为稠密索引。

2. 索引查找算法

索引查找是分别在索引表和主表上进行查找。其过程是:首先根据给定的索引值 K1,在索引表上查找出索引值等于 K1 的索引项,以确定对应子表在主表中的开始位置和长度,然后再根据给定的关键字 K2,在对应的子表中查找出关键字等于 K2 的元素。

查找时,若索引表与子表为有序表,则既可用顺序查找,也可用折半查找;否则只能顺序查找。

索引表及主表的顺序存储结构可定义如下:

```
typedef struct
{   IndexKeyType index;   /* 唯一标识一个子表的索引值 */
```

```
    int start;           /*子表中第一个元素所在的存储位置*/
    int length;          /*子表的长度*/
} IndexItem;             /*索引项类型*/
typedef IndexItem indexlist[ILMaxSize];  /*索引表类型*/
typedef ElemType mainlist[MaxSize];      /*主表类型*/
```

索引查找的比较次数等于算法中查找索引表的比较次数和查找相应子表的比较次数之和,其平均查找长度为 $ASL=1+(m+s)/2$,其中,m 为索引表长度,s 为相应子表长度。若每个子表具有相同的长度,即 $s=n/m$,则 ASL 为 $1+(m+n/m)/2$。当 $m=\sqrt{n}$ 时,此时 ASL 为最小值 $1+\sqrt{n}$。其时间复杂度为 $O(\sqrt{n})$。由此可知,索引查找的速度快于顺序查找,但低于二分查找。

在索引存储中,不仅便于查找单个元素,而且更便于查找一个子表中的全部元素。

3. 分块查找

分块查找属于索引查找。它要求每个子表(又称为块)中元素的排列次序可以是任意的,但每个块之间是有序的,即某一块中所有元素的关键字都要大于前一块中最大的关键字。同时,索引表中每个索引项的索引值域用来存储对应块中的最大关键字。

在进行分块查找时,首先在索引表中查找出大于等于所给关键字的那个索引项,从而确定待查块;然后在对应的块内查找待查元素。由于索引表是有序的,所以在索引表上既可以采用顺序查找,也可以采用二分查找,而每个块内是无序的,所以块内只能采用顺序查找。

分块查找的平均查找长度同索引查找。但由于分块查找中的索引表是一个有序表,如果用二分查找确定所在块,则其平均查找长度 $ASL \approx lb(1+n/s)+s/2$。

10.1.5 散列查找

1. 散列的概念

无论是顺序查找、二分查找还是索引查找,都是通过一系列的比较才能确定被查元素在表中的位置。而散列查找的思想与这些方法完全不同,它是以线性表中的每个元素的关键字 K 为自变量,通过某种函数 h(K)计算出函数值,把该值作为元素的存储地址,将元素存储到这个单元中。

散列存储中使用的函数 h(K)称为散列函数或哈希(hash)函数,其函数值称为散列地址或哈希地址,其线性表进行散列存储的地址空间称为散列表或哈希表。

在散列表上进行查找时,首先根据给定的关键字 K,使用散列函数 h(K)计算出散列地址,然后按此地址从散列表中取出对应的元素。

如果两个关键字通过散列函数的计算得到相同的散列地址,这种现象称为冲突。通常把这种具有不同关键字而具有相同散列地址的元素称为同义词。由同义词引起的冲突称为同义词冲突。

在散列存储中,发生冲突的可能性大小与三个因素有关:

(1)装填因子 α:装填因子是指散列表中已存入的元素数 n 与散列表空间大小 m 的比值,即 $\alpha=n/m$。α 越小,冲突可能性也越小;但是,α 越小,空间利用率也越低。

(2)散列函数:若散列函数选择得当,使散列地址均匀地分布在散列表中,就能够减少冲突的发生。

（3）解决冲突的方法：方法选择的好坏也会影响冲突发生的概率。

2. 散列函数的构造方法

构造散列函数的目标是使散列地址尽可能均匀地分布在整个散列表中，从而减少冲突。常见的构造散列函数的方法有以下几种：

（1）直接定址法

直接定址法是以关键字 K 加上某个数值常量 C 作为散列地址。

$$h(K) = K + C$$

此方法不会发生冲突，但此方法仅适合于关键字的分布基本连续的情况。

（2）除留余数法

除留余数法是用关键字 K 除以散列表长度 m 后所得的余数作为散列地址。

$$h(K) = K \% m$$

除留余数法计算简单，适用范围广，是最常用的一种方法，其关键是对 m 的选取。实践证明，m 为素数时效果较好。

（3）数字分析法

数字分析法是取关键字中某些取值较分散的数字位作为散列地址。它适用于能预先估计出全体关键字的每一位上各种数字出现的频度的情况。

（4）平方取中法

平方取中法是以关键字的平方值的中间几位作为散列地址。它适用于关键字中的每一位取值都不够分散或者较分散的位数小于散列地址所需位数的情况。

（5）折叠法

折叠法是将关键字分割成位数相同的几段，然后取它们的叠加和作为散列地址。它适用于关键字的位数较多，每一位取值又较集中，且所需散列地址的位数较少的情况。

3. 冲突处理方法

处理冲突的实质就是为产生冲突的记录寻找另一个"空"的散列地址。在处理冲突的过程中，可能会得到一个地址序列 d_i，按此地址序列依次寻找，直至不发生冲突为止。

（1）开放定址法

开放定址法就是从发生冲突的那个单元开始，按照一定的次序，从散列表中查找出一个空闲的存储单元，把发生冲突的待插入元素存入该单元。而从发生冲突的散列地址起开始查找下一空闲单元的方法主要有：线性探查法、平方探查法和双散列函数探查法。

在开放定址法中，由于空闲单元向所有元素开放，非同义词也有可能产生冲突。

① 线性探查法

线性探查法的地址序列公式为：

$$d_0 = h(K)$$

$$d_i = (d_{i-1} + 1) \% m \quad (1 \leqslant i \leqslant m-1)$$

线性探查法容易产生元素的"堆积"（或称"聚集"）。

② 平方探查法

平方探查法的地址序列公式为：

$$d_0 = h(K)$$

$$d_i = (d_{i-1} + 2i - 1) \% m \quad (1 \leqslant i \leqslant m-1)$$

平方探查法能较好地避免堆积现象,缺点是不能探查到所有单元,但至少能探查到一半。

③ 双散列函数探查法

双散列函数探查法的地址序列公式为:

$$d_0 = h1(K)$$

$$d_i = (d_{i-1} + h2(K)) \% m \quad (1 \leqslant i \leqslant m-1)$$

双散列函数探查法一般也不宜产生堆积,但需设计好另外一个散列函数。

(2)链接法

链接法就是将发生冲突的同义词元素都链接在同一个单链表中,称为同义词链表。

在链接法中,散列表中的每一个分量是一个指向单链表的头指针。有 m 个散列地址就有 m 个链表。

用链接法处理冲突,虽然比开放定址法多占用一些存储空间用于链接指针,但它可以减少在插入和查找过程中与关键字平均比较的次数(即平均查找长度)。

(3)再哈希法

再哈希法是指用下列公式求得地址序列:

$$h_i = Rh_i(K) \quad (i = 1, 2, \cdots, n)$$

其中,Rh_i 是互不相同的哈希函数。在同义词产生地址冲突时再用另一个哈希函数计算地址直到冲突不再发生。这种方法不易产生聚集,但增加了计算的时间。

(4)建立公共溢出区

在这种方法中,另外建立一个存储区作为溢出表。对于所有关键字与基本散列表中关键字为同义词的记录,不管其散列地址是什么,一旦发生冲突,都填入溢出表。

4. 散列查找性能分析

散列查找的过程为:首先根据给定的关键字 K,通过散列函数 h(K)计算出散列地址,然后,用 K 与该地址单元的关键字进行比较,若相等则查找成功,否则按处理冲突的方法依次用 K 与所探查的地址单元序列的关键字进行比较,直到查找成功或查找到空单元(表明查找失败)为止。

对于一个具体的散列表来说,其平均查找长度为每个元素的查找长度(即比较次数)之和除以所有元素的个数。

哈希表的平均查找长度是装填因子的函数,而不是元素个数 n 或表大小 m 的函数。

理论上已证明:

(1)当采用线性探查法时,$ASL = \dfrac{1}{2}\left(1 + \dfrac{1}{1-\alpha}\right)$

(2)当采用链接法时,$ASL = 1 + \dfrac{\alpha}{2}$

(3)当采用平方探查法或双散列函数探查法时,$ASL = -\dfrac{1}{\alpha}ln(1-\alpha)$

在散列存储中,查找的速度是相当快的,优于前面的任一种方法,特别是数据量大时更是如此。但散列存储也有如下缺点:

(1)计算散列地址需花费一定的计算时间

(2)占用存储空间较多(开放定址法或链接法)

(3)只能按关键字查找

(4)数据元素之间的原有逻辑关系无法体现

10.2 实验项目

10.2.1 索引查找的实现

1. 实验目的

(1)掌握常用的查找算法;

(2)索引查找算法的应用与实现。

2. 实验内容

(1)假设有一张职工表,每个职工包含职工号与部门两项内容,现准备使用索引存储结构,其中主表及索引表均采用顺序存储,且主表的记录类型定义为:

```
typedef struct {
    int key;    /*职工号,作为关键字域*/
    char depart[13];   /*部门名称,作为索引值域*/
    int next;    /*链接同一部门的职工记录*/
} ElemType;
```

要求编写以下几个函数:

① 实现在已经包含 n 个记录的顺序存储的主表 A 上建立具有 m 个索引项的索引表 B,并同时把主表 A 中同一部门的记录依次链接起来的功能的函数:

void CreateIndexList(mainlist A, int n, indexlist B, int m)

② 查找记录 worker 的函数:

int SearchIndexList(mainlist A, int n, indexlist B, int m, ElemType worker)

其中 A 为存储 n 个记录的主表,B 为 m 个索引项的索引表,查找成功返回 A 中的位置值,否则返回 −1。

③ 插入记录 worker 的函数:

void InsertIndexList(mainlist A, int &n, indexlist B, int &m, ElemType worker)

其中 A 为存储 n 个记录的主表,B 为 m 个索引项的索引表。

④ 输出主表与索引表信息的函数:

void OutputIndexList(mainlist A, int n, indexlist B, int m)

其中 A 为存储 n 个记录的主表,B 为 m 个索引项的索引表。

⑤ 选做:删除记录 worker(做删除标记)的函数:

void DeleteIndexList(mainlist A, int &n, indexlist B, int &m, ElemType worker)

其中 A 为存储 n 个记录的主表,B 为 m 个索引项的索引表,需删除记录的职工号为 worker. key、部门为 worker. depart。

把主表及索引表的存储结构定义以及上述这些函数存放在头文件 Index. h 中。

(2)编写测试程序(即主函数),首先输入职工表(包括职工人数与部门数),然后调用上述函数建立索引存储结构并进行查找等操作。

把主函数存放在文件 test10_1. cpp 中。

(3)填写实验报告。

3．实验提示

(1)结构定义

```
# define MaxSize 100
# define ILMaxSize 100

typedef struct {
    int key;    /* 职工号,作为关键字域 */
    char depart[13];   /* 部门名称,作为索引值域 */
    int next;    /* 链接同一部门的职工记录 */
} ElemType;
typedef  ElemType mainlist[MaxSize];    /* 主表类型 */

typedef struct{
    char index[13];    /* 唯一标识一个子表的索引值 */
    int start;    /* 子表中第一个元素所在的存储位置 */
    int length;    /* 子表的长度,此处可省略 */
} IndexItem;    /* 索引项类型 */

typedef IndexItem indexlist [ILMaxSize];   /* 索引表类型 */
```

(2)主程序文件框架(不包含选做部分)

```
int main()
{
    int n, m, i, j, t;
    ElemType worker;
    mainlist A;
    indexlist B;
    cout<<"输入 n,m 的值:";
    cin>>n>>m;
    cout<<"输入职工表:"<<endl;
    for(i = 0;i<n;i++){    /* 输入职工信息 */
        cin>> A[i].key;
        cin>> A[i].depart;
        _____;    /* 初始化 next 值为 - 1 */
    }
    CreateIndexList(A, n, B, m);   /* 建立索引表 B,并建立主表 A 中的同部门链接 */

    while(1) {
        cout<<"1.查找 2.插入 3.输出 0.退出 请选择:";
        cin>>i;
        if(i == 1) {
            cout<<"输入待查找的 worker;"<<endl;
```

```
        cin>> worker.key;
        cin>> worker.depart;
        t = _____ ;   /*调用函数,查找 worker*/
        if (t == -1)
            cout<<"查找失败!";
        else
            cout<<"所要查找的 worker 在 A 中的位置:"<<t<<endl;
    }
    else if(i == 2) {
        cout<<"输入待插入的 worker:"<<endl;
        cin>> worker.key;
        cin>> worker.depart;
        _____ ;   /*调用函数,插入 worker*/
    }
    else if(i == 3)
        _____ ;   /*调用函数,输出主表和索引表*/
    else if(i == 0)
        break;
    }
    return 0;
}
```

10.2.2　散列查找的实现

1. 实验目的

(1)掌握常用的查找算法;

(2)散列查找相关算法的应用与实现。

2. 实验内容

(1)用除留余数法创建一个长度为 13 的哈希表,当发生冲突时采用线性探查法解决冲突,其结构类型定义为:

```
typedef struct
{
    KeyType key;              /*关键字*/
    int count;               /*探查次数*/
}HashTable[MaxSize];
```

要求编写以下几个函数:

①将关键字 k 插入到长度为 m 的哈希表中:

　　void InsertHT(HashTable ha, KeyType k, int m)

②根据长度为 n 的数组 x 中的值创建哈希表:

　　void CreateHT(HashTable ha, KeyType x[], int n, int m)

③在哈希表中查找关键字 k,成功返回下标位置,失败返回-1:

　　int SearchHT(HashTable ha, int m, KeyType k)

④输出哈希表信息,包括哈希表内各关键字的位置和值、探索次数和平均探索长度:

　　void DispHT(HashTable ha, int m)

把存储结构定义以及上述这些函数存放在头文件 hash. h 中。

(2)编写测试程序(即主函数),输入一个整数 n(n<=10),再输入 n 个整数存入数组 x 中,创建哈希表;输入一个整数,在哈希表中进行查找,如果找到,输出其位置,如果未找到,则将其插入哈希表;最后输出哈希表信息。

把主函数存放在文件 test10_2. cpp 中。

(3)填写实验报告。

3. 实验提示

(1)结构定义

```
#define MaxSize 100          /*定义最大哈希表长度*/
#define NULLKEY -1           /*定义空关键字值*/
typedef int KeyType;         /*关键字类型*/
typedef struct
{
    KeyType key;             /*关键字域*/
    int count;               /*探查次数*/
} HashTable[MaxSize];        /*哈希表类型*/
```

(2)主程序文件框架

```
int main()
{
    int x[13];
    int i, t, k, n, m = 13;
    HashTable ha;
    cin>>n;
    for(i = 0; i<13; i++)
        cin>>x[i];
    _____;    /*创建 Hash 表*/

    while(1) {
        cout<<"1.查找 & 插入 2.输出 0.退出 请选择:";
        cin>>i;
        if(i == 1) {
            cin>>k;
            _____;    /*在 Hash 表中查找 k*/
            if (t != -1)
            cout<<" ha["<<t<<"]. key = "<<k<<endl;
            else{
                cout<< "未找到!"<<endl;
                cout<< "插入关键字"<< k<<endl;
                _____;    /*在 Hash 表中插入 k*/
            }
```

```
        }
        else if(i == 2)
            _____ ;  /* 输出 Hash 表信息 */
        else if(i == 0)
            break;
    }
    return 0;
}
```

10.3 习题范例解析

1. 选择题:顺序查找适合于存储结构为_____的线性表。

(A)散列存储　　　　　　　　　(B)顺序存储或链式存储

(C)压缩存储　　　　　　　　　(D)索引存储

【答案】 B

【解析】 顺序查找只是按数据存储顺序依次进行查找,因此既适用于顺序存储也适用于链式存储,这也是它的优点。

2. 选择题:在有序表(3,6,8,10,12,15,16,18,21,25,30)中,用二分法查找关键码值 11,所需的关键码比较次数为_____。

(A)2　　　　　(B)3　　　　　(C)4　　　　　(D)5

【答案】 C

【解析】 根据二分查找算法,比较过程为:关键码值 11 第 1 次与 15 进行比较,第 2 次与 8进行比较,第 3 次与 10 进行比较,第 4 次与 12 进行比较,比较结束,查找失败,共比较了 4 次。

3. 填空题:使用分块查找时,除表本身外,尚需建立一个索引表,用来存放每一块中的最大_____及该块的起始地址。

【答案】 关键字

【解析】 分块查找属于索引查找,因此除本表外还需建立一个索引表。它要求每个块之间是有序的,某一块中所有元素的关键字都要大于前一块中最大的关键字。同时,索引表中每个索引项的索引值域用来存储对应块中的最大关键字。

4. 填空题:在各种查找方法中,平均查找长度与关键字个数 n 无关的查找方法是_____。

【答案】 散列查找法(或哈希法)

【解析】 一般情况下,可以认为散列函数是"均匀"的,在讨论 ASL 时,可以不考虑它的因素。因此,散列表的 ASL 是装填因子的函数,而与元素个数无关,这是散列表的特点。

5. 应用题:若查找有序表 A[30]中每一元素的概率相等,试分别求出进行顺序、二分和分块(若被分为 5 块,每块 6 个元素)查找每一元素时的平均查找长度。

【答案】 顺序查找:ASL=(n+1)/2=(30+1)/2=15.5

二分查找:ASL=(1*1+2*2+3*4+4*8+5*15)/30=124/30≈4.1

分块查找:ASL=1+(m+s)/2=1+(5+6)/2=6.5

【解析】　该题主要考查对常用静态查找方法概念的理解，并要求掌握不同查找方法的平均查找长度的计算方法。

6.算法设计题：有一个 100＊100 的稀疏矩阵，其中 1％ 的元素为非零元素，现要求对其非零元素进行散列存储，使之能够按照元素的行、列值存取矩阵元素（即元素的行、列值联合为元素的关键字），试采用除留余数法构造散列函数和线性探查法处理冲突，分别编写建立散列表和查找散列表的算法。

【算法分析】　由题意可知，整个稀疏矩阵中非零元素的个数为 100。为了散列存储这 100个非零元素，需要使用一个作为散列表的一维数组，该数组中元素的类型应为：

```
struct ElemType {
    int row;
    int col;
    float val;
};
```

假定用 HT[m] 表示这个散列表，其中，m 为散列表的长度，若取装填因子为 0.8，则可令m 为 127（因为 m 为质数为宜）。

按题目要求，每个元素的行、列下标同时为关键字。若用 x 表示一个非零元素，按除留余数法构造散列函数，并考虑散列地址尽量分布均匀，则可将散列函数设计为：$h(x)=(13 * x.row+17 * x.col)\%m$

【算法源代码】

```
/* 建立散列表 */
int Create(ElemType HT[], int m)
{
    int i,d,temp;
    ElemType x;
    for(i = 0; i<m; i++) {    /* 散列表初始化 */
        HT[i].row = -1;
        HT[i].col = -1;
        HT[i].val = 0;
    }
    for(i = 1; i< = 100; i++){    /* 每循环一次,输入一个非零元素并插入散列表 */
        cout<<i<<";";
        cin>>x.row>>x.col>>x.val;
        d = (13 * x.row + 17 * x.col) % m;
        temp = d;
        while(HT[d].val != 0){    /* 线性探查 */
            d = (d + 1) % m;
            if(d == temp)  return 0;
        }
        HT[d] = x;
    }
    return 1;
}
```

```
/* 在散列表上进行查找 */
int Search(ElemType HT[], int m, int row, int col)
{
    int d = (13 * row + 17 * col) % m;  /* 计算散列地址 */
    int temp = d;
    while(HT[d].val != 0){   /* 线性探查 */
        if(HT[d].row == row&&HT[d].col == col)
            return d;    /* 查找成功 */
        else
            d = (d) + 1 % m;
        if(d) == temp  return - 1;
    }
    return - 1;
}
```

10.4　习　题

10.4.1　选择题

1. 设有一个已排序的线性表(长度>=2),分别用顺序查找法和二分查找法找一个与 K 相等的元素,比较的次数分别是 S 和 B,在查找不成功的情况下,S 和 B 的关系为_____。

(A)S=B　　　　　(B)S>B　　　　　(C)S<B　　　　　(D)S>=B

2. 若查找每个元素的概率相等,则在长度为 n 的顺序表上查找任一元素的平均查找长度为_____。

(A)n　　　　　(B)n/2　　　　　(C)(n+1)/2　　　(D)(n-1)/2

3. 采用二分法查找长度为 n 的线性表时,算法的时间复杂度为_____。

(A)$O(n^2)$　　　(B)$O(n\log_2 n)$　　(C)$O(n)$　　　　　(D)$O(\log_2 n)$

4. 有一个有序表为{1, 3, 9, 12, 32, 41,45, 62, 75, 77, 82, 95, 100},当用二分法查找值 82 的结点时,_____次比较后查找成功。

(A)1　　　　　　(B)2　　　　　　(C)4　　　　　　(D)8

5. 对有 18 个元素的有序表用二分法查找,则查找第 3 个元素的比较序列位置值为_____。

(A)1,2,3　　　　　　　　　　　(B)9,5,2,3

(C)9,5,3　　　　　　　　　　　(D)9,4,2,3

6. 对一个长度为 10 的排好序的表用二分法查找,若查找不成功,至少需要比较的次数是_____。

(A)6　　　　　(B)5　　　　　(C)4　　　　　　(D)3

7. 若在线性表中采用二分查找法查找元素,该线性表应该_____。

(A)元素按值有序

(B)采用顺序存储结构

(C)元素按值有序,且采用顺序存储结构

(D)元素按值有序,且采用链式存储结构

8.如果要求一个线性表既能进行较快地查找,又能适应动态变化要求,则宜采用的查找方法是_____。

(A)分块查找 (B)顺序查找

(C)折半查找 (D)基于属性查找

9.当采用分块查找时,数据的组织方式为_____。

(A)数据分成若干块,每块内数据有序

(B)数据分成若干块,每块内数据不必有序,但块间必须有序,每块内最大(或最小)的数据组成索引块

(C)数据分成若干块,每块内数据有序,每块内最大(或最小)的数据组成索引块

(D)数据分成若干块,每块(除最后一块外)中数据个数需相同

10.散列函数有一个共同性质,即函数值应按_____取其值域的每一个值。

(A)最大概率 (B)最小概率

(C)同等概率 (D)平均概率

11.一个哈希函数被认为是"好的",如果它满足条件_____。

(A)哈希地址分布均匀

(B)保证不产生冲突

(C)所有哈希地址在表长范围内

(D)满足(B)和(C)

12.哈希表的平均查找长度是_____的函数。

(A)哈希表的长度 (B)表中元素的多少

(C)哈希函数 (D)哈希表的装填因子

13.设有一组记录的关键字为{19,14,23,1,68,20,84,27,55,11,10,79},用链接法构造散列表,散列函数为 H(key)＝key MOD 13,散列地址为 1 的链中有_____个记录。

(A)1 (B)2 (C)3 (D)4

14.下面关于哈希查找的说法正确的是_____。

(A)哈希函数构造得越复杂越好,因为这样随机性好,冲突小

(B)除留余数法是所有哈希函数中最好的

(C)不存在特别好与坏的哈希函数,要视情况而定

(D)若需在哈希表中删去一个元素,不管用何种方法解决冲突都只要简单地将该元素删去即可

15.假定有 k 个关键字互为同义词,若用线性探测法把这 k 个关键字存入散列表中,至少要进行_____次探测。

(A)k−1 次 (B)k 次

(C)k+1 次 (D)k(k+1)/2 次

选择题答案:

1. D   2. C   3. D   4. C   5. D
6. C   7. C   8. A   9. B   10. C
11. A   12. D   13. D   14. C   15. D

10.4.2　填空题

1.顺序查找 n 个元素的顺序表,若查找成功,则比较关键字的次数最多为　　　　　次。

2.在顺序表(8,11,15,19,25,26,30,33,42,48,50)中,用二分(折半)法查找关键码值 20,需做的关键码比较次数为　　　　　。

3.在有序表 A[1...12]中,采用二分查找算法查等于 A[12]的元素,所比较的元素下标依次为　　　　　。

4.在有序表 A[1...20]中,按二分查找方法进行查找,查找长度为 5 的元素个数是　　　　　。

5.对于长度为 255 的表,采用分块查找,每块的最佳长度为　　　　　。

6.分块检索中,若索引表和各块内均用顺序查找,则有 900 个元素的线性表分成　　　　块最好;若分成 25 块,其平均查找长度为　　　　　。

7.哈希表是通过将查找码按选定的　　　　　和解决冲突的方法,把结点按查找码转换为地址进行存储的线性表。哈希方法的关键是选择好的哈希函数和　　　　　。一个好的哈希函数其转换地址应尽可能　　　　　,而且函数运算应尽可能简单。

8.　　　　　法构造的哈希函数肯定不会发生冲突。

9.假定有 k 个关键字互为同义词,若用线性探测再散列法把这 k 个关键字存入散列表中,至少要进行　　　　　次探测。

10.动态查找表和静态查找表的重要区别在于前者包含有　　　　　和　　　　　运算,而后者不包含这两种运算。

填空题答案:

1.n

2.4

3.6,9,11,12

4.5

5.16

6.30　31.5

7.哈希函数　处理冲突的方法　均匀

8.直接定址法

9.k(k+1)/2

10.插入　删除

10.4.3　应用题

1.简述顺序查找、二分查找和分块查找法对查找表中元素的要求。若查找该表中每个元素的概率相同,此时对一个长度为 n 的表,用上面的三种查找方法查找时,其平均查找长度为多少?

2.假设被查找的文件中有 4096 个记录,如果采用分块查找,应如何分块才能使平均查找长度为最少? 为什么?

3.在采用线性探查法解决冲突的散列表中,所有同义词在表中是否一定相邻?

4.设有一组关键字{17,13,14,153,29,35}需插入到表长为 12 的哈希表中,请回答以下

问题:

(1)设计一个适合该哈希表的哈希函数;

(2)设计的哈希函数将上述关键字插入到哈希表中,画出其结构,并指出用线性探查法解决冲突时构造哈希表的装填因子为多少?

应用题答案:

1.对于顺序查找,表中元素可以以任意方式存放;而采用二分查找时要求表中元素必须是有序的,而且需以顺序方式进行存储;若要利用分块查找法,则要求表中元素需块间有序,但每一块内的元素可以以任意方式存放。

顺序查找成功时的平均查找长度为 $(n+1)/2$。

二分查找成功时的平均查找长度约为 $\log_2(n+1)-1$。

分块查找成功时的平均查找长度与索引表所采用的查找方法有关:(1)若用顺序查找法,则平均查找长度为 $1+(n/s+s)/2$;(2)若用折半查找法,则平均查找长度约为 $\log_2(1+n/s)+s/2$。

2.因为分块查找的平均查找长度 $ASL=1+(n/s+s)/2$,当 $s=\sqrt{n}$ 时,ASL 为最小值 $1+\sqrt{n}$。对该文件,$n=4096$,块内关键字个数为 $\sqrt{n}=64$,因此,当分块数为 $4096/64=64$ 时,平均查找长度最小为 65。

3.不一定相邻。发生冲突时,若同义词的下一哈希位置是空闲的,则此时同义词会在相邻位置;若发生冲突时,同义词的下一哈希地址已被分配,则此时同义词在表中的位置不可能相邻。

4.(1)由于哈希表的长度为 12,则可选不超过表长的最大素数 11 作为除留余数法的 p 值,则可得到哈希函数为 $H(Key)=Key\%11$。

(2)使用线性探查法解决冲突,构造出的哈希表如下所示:

哈希地址	0	1	2	3	4	5	6	7	8	9	10	11
关键字			13	14	35		17	29			153	

装填因子为 $\alpha=6/12=0.5$

10.4.4 算法设计题

1.若线性表中各结点的查找概率不等,则可用如下策略提高顺序查找效率:若找到指定的结点,将该结点与其前驱(若存在)结点交换,使得经常被查找的结点尽量位于表的前端。编写上述策略的顺序查找算法(从表头开始向后扫描)。

2.编写一个非递归算法,在长度为 m 的稀疏有序索引表 B 中二分查找出给定值 K 所对应的索引项,若索引值刚好大于等于 K 的索引项,返回该索引项的 start 域的值,若查找失败则返回-1。

3.假设按如下所述在有序的线性表中查找 x:先将 x 与表中的第 $4i(i=1,2,\cdots)$ 项进行比较,若相等,则查找成功;否则由某次比较求得比 x 大的一项 $4i$ 之后,继而和 $4i-2$,然后和 $4i-3$ 或 $4i-1$ 项进行比较,直到查找成功。编写实现上述算法的函数。

4.已知某哈希表 H 的装填因子小于 1,关键字内容为英文单词,哈希函数 H 为关键字的第一个字母在字母表中的序号。

（1）处理冲突的方法为线性探查法，编写一个按第一个字母的顺序输出哈希表中所有关键字的程序。

（2）处理冲突的方法是链接法。编写一个计算在等概率情况下查找不成功的平均查找长度的算法。注意，此算法中不能用公式直接求解计算。

算法设计题答案：

1.【算法分析】

一般顺序查找算法。

【算法源代码】

```
int Sq_Search(ElemType A[], int n, ElemType K)
{
    int i = 0;
    ElemType temp;
    while (i<n && A[i]!= K)  i++ ;
    if(i<n){
        if(i>0){
            temp = A[i];
            A[i] = A[i-1];
            A[i-1] = temp;
            i-- ;
        }
        return i;
    }
    return -1;
}
```

2.【算法分析】

该题是将二分查找法应用于索引表，需要理解索引表中索引项结构的构成及其含义。

```
typedef struct
{    IndexKeyType index;      /* 唯一标识一个子表的索引值 */
     int start;               /* 子表中第一个元素所在的存储位置 */
     int length;              /* 子表的长度 */
} IndexItem;                  /* 索引项类型 */
typedef IndexItem indexlist[ILMaxSize];  /* 索引表类型 */
```

【算法源代码】

```
int Binsch(indexlist B, int m, IndexKeyType K)
{
    int low = 0, high = m - 1;
    while(low< = high) {
        int mid = (low + high)/2;
        if(K == B[mid].index)
            return B[mid].start;
        else if(K<B[mid].index)
```

```
                high = mid - 1;
            else
                low = mid + 1;
        }
        if(low<m)  return B[low].start;
        else return -1;
}
```

3.【算法分析】

根据题目描述,在查找时,实际上是将该有序表按块内数为 4 进行分块查找 a[4i](i=1, 2,…n/4),每块内再按二分法分别查找 a[4i-2],a[4i-3],a[4i-1],另外,最后还需单独查找一下最后的一个块。

【算法源代码】

```
void Found(int A[], int n, int x)
{
    int i = 1, k = n/4, found = 0;
    while(i< = k && ! found) {    /* x 与 a[4i](i=1,2,…n/4)比较,块内再二分查找 */
        if(a[4 * i] == x) found = 1;
        else if(x<a[4 * i]) {
            if(x == a[4 * i - 2]) found = 1;
            else if(x<a[4 * i - 2]){
                if(x == a[4 * i - 3]) found = 1;
                else if(x == a[4 * i - 1]) found = 1;
            }
        }
        else i++;
    }
    for(i = 1; i< = n % 4; i++)      /* ,查找最后一块,x 与 a[4k]~a[n]进行比较 */
        if(x == a[4 * k + i])   found = 1;
    if(found) printf("查找成功\n");
    else printf("查找失败\n");
}
```

4.【算法分析】

(1)因为装填因子小于 1,所以哈希表未填满。用字符串数组 s 存放字符串关键字。变量 i 从 1 到 26 循环:对第 j 个字符串 s[j],若 H(s[j])=i,则输出 s[j]。

(2)根据题意,可定义哈希表的类型如下:

```
#define MaxLen 100                 /* 定义哈希表表头数组最大元素个数 */
typedef struct node{               /* 定义哈希表链表的结点类型 */
    KeyType key;
    struct node * next;
}Lnode;
typedef struct headnode{           /* 定义哈希表表头类型 */
    struct node * link;
```

```
}hashhead;

typedef hashhead HashTable[MaxLen];    /*定义哈希表数组*/
```

算法的基本思路是:对于每个 i,求出以 H[i]为表头的单链表的查找失败时的比较次数(比较次数就是单链表的结点个数),并累加到 count 中,最后返回 count/m(m 为表头结点个数)的值,即为查找不成功的平均查找长度。

【算法源代码】

(1)

```
void hash (char *s[], int n)
{
    int i, j;
    for (i = 1; i <= 26; i++) {
        j = 0;
        while(s[j][0]! = '\0') {
            if(H(s[j]) == i)
            printf("%s", s[j]);
            j++ ;
        }
    }
}
```

(2)

```
double SearchLength (HashTable H, int m)
{
    int i, count = 0;
    Lnode *p;
    for (i = 0; i < m; i++) {
        p = H[i];
        while(p ! = NULL) {
            count ++ ;
            p = p->next;
        }
    }
    return count/m;
}
```

第11章 排　序

11.1　知识点概述

11.1.1　排序的基本概念

排序就是将一组数据元素(记录)的任意序列,按某个域的值递增或递减的次序重新排列成一个有序的序列。

通常把用于排序的域称为排序域或排序项,把该域中的每一个值称为排序码。

一组记录按排序码递增次序(称为升序或正序)或递减次序(称为降序、逆序或反序)排列得到的结果称为有序表。有序表可分为升序表(正序表)和降序表(逆序表),而排序前的状态称为无序表。

如果在无序表中存在多个排序码相同的记录,经过排序后这些有相同排序码的记录之间的相对次序不变,则称这个排序方法是稳定的,否则称这个排序方法是不稳定的。

内排序是指在排序期间数据元素全部存放在内存的排序;外排序是指在排序期间全部元素个数太多,不能同时存放在内存,必须根据排序过程的要求,不断在内、外存之间移动的排序。内排序一般可分为5类:插入排序、选择排序、交换排序、归并排序和分配排序。

在评价一种排序方法时,一般从三个方面进行分析:时间复杂度、空间复杂度、稳定性。

11.1.2　插入排序

插入排序的基本思想是:每次将一个待排序的记录,按其排序码大小插入到前面已经排好序的一组记录的适当位置上,直到全部记录插入完成为止。

插入排序主要包括直接插入排序和希尔排序两种。

1. 直接插入排序

直接插入排序的基本思想是:依次插入 $A[i](i=1,2,\cdots n-1)$,当插入第 i 个记录时,前面的 $A[0]$, $A[1]$, $\cdots$, $A[i-1]$ 已经排好序。这时,用 $A[i]$ 的排序码与 $A[i-1]$, $A[i-2]$, $\cdots$ 的排序码顺序进行比较,找到插入位置即将 $A[i]$ 插入,原来位置上的记录向后顺移。

直接插入排序的时间复杂度为 $O(n^2)$,空间复杂度为 $O(1)$,它是稳定的。

2. 希尔排序

希尔排序又称"缩小增量排序",是通过对直接插入排序进行改进得到的一种插入排序法。其基本思想是:先取一个小于 n 的整数 d_1 作为第一个增量,把表的全部记录分成 d_1 个组,所有距离为 d_1 的倍数的记录放在同一个组中,在各组内进行直接插入排序;然后,取第二个增量

$d_2 < d_1$，重复上述的分组和排序，直至所取的增量 $d_t = 1(d_t < d_{t-1} < \cdots < d_2 < d_1)$，即所有记录放在同一组中进行直接插入排序为止。

选取增量序列的一般规则是：取 d_{i+1} 在 $[d_i/3] \sim [d_i/2]$ 之间，其中 $0 \leqslant i \leqslant t-1$，$d_t = 1$，$d_0 = n$；同时要使得增量序列中的每两个或多个值之间没有除 1 之外的公因子。

例如，有 10 个待排序元素为：$(36，25，48，12，65，25，43，58，76，32)$，若按 $d_{i+1} = \lfloor d_i/2 \rfloor$ 选取增量序列，则取 $d_1 = 5$、$d_2 = 2$ 和 $d_3 = 1$。图 11.1 给出了取每一增量时所得到的排序结果。首先，$d_1 = 5$，把 10 个元素分为 5 组 $(36,25)$、$(25,43)$、$(48,58)$、$(12,76)$、$(65,32)$，对每一组分别进行直接插入排序；接着 $d_2 = 2$，在上一步的基础上，重新把 10 个元素分为 2 组，下标为偶数的一组，下标为奇数的为另一组，对每一组再分别进行直接插入排序；最后，$d_3 = 1$，在上一步的基础上，把所有 10 个元素作为一组进行直接插入排序，得到的结果就是希尔排序的最后结果。

下标	0	1	2	3	4	5	6	7	8	9
排序前	36	25	48	12	65	25	43	58	76	32
$d_1 = 5$	25	25	48	12	32	36	43	58	76	65
$d_2 = 2$	25	12	32	25	43	36	48	58	76	65
$d_3 = 1$	12	25	25	32	36	43	48	58	65	76

图 11.1 希尔排序过程示例

希尔排序的时间复杂度在 $O(n\text{lb}n)$ 和 $O(n^2)$ 之间，大致为 $O(n\sqrt{n})$，空间复杂度为 $O(1)$，它是不稳定的。

11.1.3　选择排序

选择排序的基本思想是：每一趟从待排序的记录中选出排序码最小（或最大）的记录，作为有序序列中的一个记录，直至全部记录排序完毕。

选择排序主要包括直接选择排序和堆排序两种。

1. 直接选择排序

直接选择排序的基本思想是：每次从待排序的区间中选择出具有最小（或最大）排序码的元素，将该元素与该区间第 1 个元素交换位置。即：第一趟从 n 个记录中选出排序码最小（或最大）的记录与第 1 个记录交换；第二趟在余下的 $n-1$ 个记录中再选出排序码最小（或最大）的记录与第 2 个记录交换；依次类推，直至第 $n-1$ 趟选出相应记录与第 $n-1$ 个位置上的记录交换。

直接选择排序的时间复杂度为 $O(n^2)$，空间复杂度为 $O(1)$，它是不稳定的。

2. 堆排序

堆排序是利用堆的特性进行排序的过程。其基本思想是：将待排序的元素按排序码初始化为一个堆，输出堆顶的最小（大）值后，使剩余的 $n-1$ 个元素序列重新再建成堆，则可得到原序列的次小（大）值。反复进行可得到一个有序序列。

堆排序（采用大根堆）分为二个步骤：

（1）根据初始输入数据，形成初始堆

将待排序元素序列看成一个完全二叉树，从编号最大的分支结点起，至整个树根结点止，依次对每个分支结点进行"筛"运算,以便形成以每个分支结点为根的堆,当最后对树根结点进行筛运算后,整个树就构成了一个初始堆。

对结点 R_i 进行"筛"运算过程:首先将 R_i 的排序码 S_i 与其两个孩子结点中排序码较大者 S_j 进行比较,若 $S_i \geqslant S_j$,则以 S_i 为根的子树成为堆,筛运算完毕;否则 R_i 与 S_j 互换位置,接着再把 S_j 与其两个孩子结点中排序码较大者进行比较,以此类推,直至父结点的排序码大于等于孩子结点中较大的排序码或孩子结点为空为止。

(2)通过一系列的交换和重新调整堆进行排序

首先把 A[0] 与 A[n−1] 对换,使 A[n−1] 为排序码最大的结点,接着对 A[0] 进行筛运算,又得到 A[0] 为当前区间 A[0]~A[n−2] 内具有最大排序码的结点,再接着把 A[0] 同当前区间内的最后一个结点 A[n−2] 对换,使 A[n−2] 为次大排序码结点。这样,经过 n−1 次对换和筛运算后,所有结点有序。

例如,将待排序元素(36,25,48,12,65,43,20,58)构成初始堆的全过程如图 11.2 所示。

下标	0	1	2	3	4	5	6	7	
(0)	36	25	48	12	65	43	20	58	//将对结点 12 进行"筛"运算
(1)	36	25	48	58	65	43	20	12	//将对结点 48 进行"筛"运算
(2)	36	25	48	58	65	43	20	12	//将对结点 25 进行"筛"运算
(3)	36	65	48	58	25	43	20	12	//将对结点 36 进行"筛"运算
(4)	65	58	48	36	25	43	20	12	//最后形成的初始堆

图 11.2   构成初始堆的过程

该初始堆通过一系列交换和重新调整实现排序的过程如图 11.3 所示。

下标	0	1	2	3	4	5	6	7	
(0)	65	58	48	36	25	43	20	12	//65 与 12 对换,再对 12 进行筛运算
(1)	58	36	48	12	25	43	20	65	//58 与 20 对换,再对 20 进行筛运算
(2)	48	36	43	12	25	20	58	65	//48 与 20 对换,再对 20 进行筛运算
(3)	43	36	20	12	25	48	58	65	//43 与 25 对换,再对 25 进行筛运算
(4)	36	25	20	12	43	48	58	65	//36 与 12 对换,再对 12 进行筛运算
(5)	25	12	20	36	43	48	58	65	//25 与 20 对换,再对 20 进行筛运算
(6)	20	12	25	36	43	48	58	65	//20 与 12 对换
(7)	12	20	25	36	43	48	58	65	

图 11.3   利用堆操作实现排序的过程

堆排序的时间复杂度为 O(nlbn),空间复杂度为 O(1),它是不稳定的。

11.1.4   交换排序

交换排序的基本思想是:两两比较待排序记录的排序码,如发生逆序(即排列顺序与排序后的次序正好相反),则交换之,直到所有记录都排好序为止。

交换排序主要包括气泡排序和快速排序两种。

1. 气泡排序

气泡排序又称冒泡排序。其基本思想是:从尾到头两两比较待排序记录的排序码,如发生逆序,则交换位置,使排序码较小的元素逐渐从底部移向顶部,就像水底的气泡逐渐向上冒一样,同时排序码较大的元素也逐渐下移,每趟比较可得到一个比较区间中的最值。重复进行 n—1 趟后,排序结束。

气泡排序的时间复杂度为 $O(n^2)$,空间复杂度为 $O(1)$,它是稳定的。

2. 快速排序

快速排序又称划分排序,是对气泡排序的一种改进方法。其基本思想是:设待排序列为 A[s..t],选取任意一个元素作为支点(基准元素,一般就选 A[s]),然后从区间两端向中间依次比较元素,一旦发现前半部分有元素大于基准元素,后半部分有元素小于基准元素,则交换这两个元素,所有元素比较一遍后,最后把基准元素交换到两部分的中间,使得所有比基准元素大的都排在此基准元素的后面;所有比基准元素小的都放在此基准元素的前面。即该基准元素把序列 A[s..t] 分成两部分,此过程称为一次划分。然后再分别对这两部分继续进行快速排序,直至整个序列有序。

例如,对于待排序元素(45,53,18,36,72,30,48,93,15,36)的快速排序过程如图 11.4 所示。

```
[45  53  18  36  72  30  48  93  15  36]
[30  36  18  36  15] 45 [48  93  72  53]
[18  15] 30 [36  36] 45 [48  93  72  53]
 15  18  30 [36  36] 45 [48  93  72  53]
 15  18  30  36  36  45 [48  93  72  53]
 15  18  30  36  36  45  48 [93  72  53]
 15  18  30  36  36  45  48 [53  72] 93
 15  18  30  36  36  45  48  53  72  93
```

图 11.4 快速排序的过程示例

快速排序的时间复杂度为 $O(n \mathrm{lb} n)$,空间复杂度为 $O(\mathrm{lb} n)$,它是不稳定的。

在最坏情况下,快速排序的时间复杂度为 $O(n^2)$。为了避免出现最坏情况,可在进行划分之前,进行"预处理",即:比较当前区间的第一个、最后一个和中间一个元素的排序码,取三者中排序码居中的元素为基准元素,并调换至第一个位置。

11.1.5 归并排序

归并就是将两个或两个以上的有序表合并成一个有序表的过程。若是将两个有序表合并成一个有序表,则称为二路归并。

归并排序就是利用归并操作,把一个无序表排列成有序表的过程。若利用二路归并操作,则称为二路归并排序。

二路归并排序的基本过程是:首先将无序表中的每一个元素都看成一个有序表,两两归并,这样就得到 $\lceil n/2 \rceil$ 个长度为 2 的有序表,此为一趟归并;然后再两两归并,如此重复进行,直至得到一个长度为 n 的有序表为止。

例如,对于待排序元素(45,53,18,36,72,30,48,93,15,36)的二路归并排序的过程如图 11.5 所示。

[45]	[53]	[18]	[36]	[72]	[30]	[48]	[93]	[15]	[36]
[45	53]	[18	36]	[30	72]	[48	93]	[15	36]
[18	36	45	53]	[30	48	72	93]	[15	36]
[18	30	36	45	48	53	72	93]	[15	36]
[15	18	30	36	36	45	48	53	72	93]

图 11.5　二路归并排序的过程示例

二路归并排序的时间复杂度为 $O(nlbn)$，空间复杂度为 $O(n)$，它是稳定的。

11.1.6　内排序方法比较

表 11.1　内排序方法比较

排序方法	最小比较次数	最大比较次数	最少移动次数	最多移动次数	时间复杂度	空间复杂度	稳定性
直接插入排序	$n-1$	$n(n-1)/2$	0	$(n+4)(n-1)/2$	$O(n^2)$	$O(1)$	稳定
希尔排序	—	—	—	—	$O(n^{1.5})$	$O(1)$	不稳定
直接选择排序	$n(n-1)/2$	$n(n-1)/2$	0	$3(n-1)$	$O(n^2)$	$O(1)$	不稳定
堆排序	$O(nlbn)$	$O(nlbn)$	—		$O(nlbn)$	$O(1)$	不稳定
气泡排序	$n-1$	$n(n-1)/2$	0	$3n(n-1)/2$	$O(n^2)$	$O(1)$	稳定
快速排序	$O(nlbn)$	$n(n-1)/2$	$O(nlbn)$	$n(n-1)/2$	$O(nlbn)$	$O(lbn)$	不稳定
归并排序	$O(nlbn)$	$O(nlbn)$	—		$O(nlbn)$	$O(n)$	稳定

11.2　实验项目

11.2.1　排序算法的应用(一)

1. 实验目的

(1)掌握常用的排序方法,及相应的算法实现;

(2)理解各种排序方法的特点,并能加以灵活应用;

2. 实验内容

(1)编写程序,完成以下任务:

①通过键盘输入 n(n<100)个学生的考试成绩表,表中每个学生的信息由姓名与一项课程成绩组成;

②分别用冒泡、直接选择和希尔排序法按课程成绩从高到低进行排序;

③输出排序后的结果。

④选做:用堆排序法按课程成绩从高到低进行排序。

(2)在主函数中首先输入数据,然后调用排序函数排序,并输出排序后的成绩表,主函数存放在文件 test11_1.cpp 中,实现排序算法的函数存放在头文件 sort11_1.h 中。

(3)填写实验报告。

3. 实验提示

(1)结构定义及函数实现框架(不包含选做函数)

①三种排序算法分别为：

冒泡排序：void BubbleSort(ElemType A[], int n)

直接选择排序：void SelectSort(ElemType A[], int n)

希尔排序：void ShellSort(ElemType A[], int n)

将上述三个函数的代码存放在头文件 sort11_1.h 中。

②根据实验要求及排序算法实现情况综合分析,可定义如下一个结构类型用于表示学生信息：

```
typedef struct {
    char name[10];   /*学生姓名*/
    int stn;   /*成绩,作为排序项*/
} ElemType;
```

(2)主程序文件框架(不包含选做部分)

```
# include<iostream.h>
# include<stdlib.h>
# include"sort11_1.h"
int main()
{
    int n, i, j, choice;
    ElemType A[100];
    cout<<"输入学生个数:";
    cin>>n;
    cout<<"分别输入学生姓名及成绩:"<<endl;
    for(i = 0;i<n;i++){
        cout<<"第"<<i + 1<<"个:";
        cin>>A[i].name;
        _____;
    }
    cout<<"选择所用排序方式(1 冒泡排序 2 直接选择排序 3 希尔排序):";
    cin>>choice;
    switch(choice) {
        case 1:BubbleSort( A, n);  break;
        case 2:SelectSort( A, n);  break;
        case 3:_____;  break;
    }
    /*输出排序后信息*/
    cout<<"姓名    成绩"<<endl;
    for(_____)
        cout<<A[i].name<<"   "<<A[i].stn<<endl;
```

```
    return 0;
}
```

11.2.2　排序算法的应用(二)

1.　实验目的

(1)掌握常用的排序方法,及相应的算法实现;

(2)快速排序法的应用与实现;

2.　实验内容

(1)编写程序,完成以下任务:

①通过键盘输入 n(n<100)个学生的考试成绩表,表中每个学生的信息由姓名与一项课程成绩组成;

②用快速排序法按课程成绩从高到低进行排序;

③按名次打印出每个学生的姓名与分数,分数相同的为同一名次。

④选做:编写快速排序的非递归算法,要求每趟排序分割之后,先对长度较短的子序列进行排序,而将较长子序列的上下界入栈保存。

(2)在主函数中首先输入数据,然后调用快速排序函数排序,并按分数高低次序打印名次与成绩表,主函数存放在文件 test11_2.cpp 中,快速排序函数存放在头文件 sort11_2.h 中。

(3)填写实验报告。

3.　实验提示

(1)结构定义及函数实现框架(不包含选做函数)

①快速排序函数:void QuickSort(ElemType A[ ], int s, int t)

将上述函数的代码存放在头文件 sort11_2.h 中。

②根据实验要求及排序算法实现情况综合分析,可定义如下一个结构类型用于表示学生信息:

```
typedef struct {
    char name[10];   / * 学生姓名 * /
    int stn;   / * 成绩,作为排序项 * /
} ElemType;
```

(2)主程序文件框架(不包含选做部分)

```
# include<iostream.h>
# include<stdlib.h>
# include"sort11_2.h"
int main()
{
    int n, i, j, R;
    ElemType A[100];
    cout<<"输入学生个数:";
    cin>>n;
    cout<<"分别输入学生姓名及成绩:"<<endl;
```

```
for(i = 0;i<n;i++ ){
    cout<<"第"<<i+1<<"个:";
    cin>>A[i].name;
        _____;
}
    _____;   /*调用快速排序函数*/
/*根据成绩排序计算排名并输出*/
cout<<"排名      姓名      成绩"<<endl;
R = 1;
for(i = n-1; i> = 0; i-- ) {
    cout<<R<<"   "<<A[i].name<<"   "<<A[i].stn<<endl;
    if( i>0 && A[i].stn ! = A[i-1].stn)
        _____;
}
return 0;
}
```

11.3　习题范例解析

1.选择题:用某种排序方法对线性表(25，84，21，47，15，27，68，35，20)进行排序时，元素序列的变化情况如下:

(1) 25，84，21，47，15，27，68，35，20

(2) 20，15，21，25，47，27，68，35，84

(3) 15，20，21，25，35，27，47，68，84

(4) 15，20，21，25，27，35，47，68，84

则所采用的排序方法是_____。

(A)选择排序　　　　　　　　　　(B)希尔排序

(C)归并排序　　　　　　　　　　(D)快速排序

【答案】　D

【解析】　观察线性表在排序过程中的元素序列变化情况，可以发现:第一次，是将第一个元素 25 作为基准，将所有元素一分为二，左边区间的元素值都小于 25，右边区间的元素值都大于 25;以后三次变化序列都是再对左右区间重复以上操作。这完全符合快速排序的算法思想，因此选择 D。

2.选择题:设有 1000 个无序的元素，希望用最快的速度挑选出其中前 10 个最大的元素，最好选择_____排序法。

(A)堆排序　　　　　　　　　　　(B)归并排序

(C)气泡排序　　　　　　　　　　(D)直接插入排序

【答案】　A

【解析】　首先根据这四种排序法的时间复杂度分析，气泡排序与直接插入排序较慢，堆排序与归并排序较快，因此首先可以排除(C)和(D)。再对比堆排序与归并排序，堆排序的每一趟筛运算都可以得到一个最值,而归并排序是两两归并,在归并过程中并不能立即得到最值,因此,对于该题,选择(A)最合适。

3. 填空题:若对一组数据(46,79,56,38,40,80,35,50,74)进行直接插入排序,当把第 8 个元素插入到前面已排序的有序表时,为寻找插入位置,需比较_____次。

【答案】 4

【解析】 当要插入第 8 个元素 50 时,前 7 个已排序的有序表为(35,38,40,46,56,79,80),根据直接插入排序算法,50 要依次与 80,79,56,46 进行比较,并插入到 56 的位置上,因此,需比较 4 次。

4. 填空题:将 5 个不同的数据进行排序,至少需要比较_____次,至多需要比较_____次。

【答案】 4   10

【解析】 根据表 11.1 可知,在所有排序法中最少的比较次数是 $n-1=5-1=4$,最多的比较次数是 $n(n-1)/2=5*(5-1)/2=10$。

5. 应用题:设记录的关键字集合为:{49,38,66,90,75,10,20}。

(1)写出快速排序第一趟之后的状态;

(2)把关键字集合调整成堆顶元素取最小值的堆。

【答案】

(1){10,38,20,49,75,90,66}

(2)

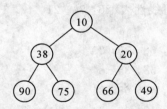

【解析】 该题主要考查有关快速排序、堆排序的算法思想和执行过程。

(1) 初始状态:{49,38,66,90,75,10,20}

状态 1:{49,38,20,90,75,10,66}

状态 2:{49,38,20,10,75,90,66}

状态 3:{10,38,20,49,75,90,66}

(2)

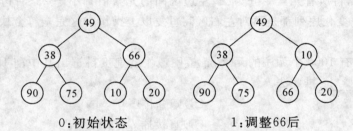

0:初始状态   1:调整66后

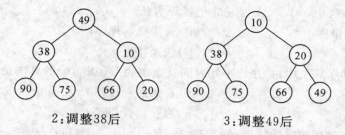

2:调整38后   3:调整49后

6.算法设计题:已知奇偶转换排序如下所述:第一趟对所有奇数的 i,将 a[i]和 a[i+1]进行比较,第二趟对所有偶数的 i,将 a[i]和 a[i+1]进行比较,每次比较时若 a[i]>a[i+1],则将二者交换,以后重复上述过程,直至整个数组有序。编写一个实现上述排序过程的算法。

【算法分析】 根据题意分析,当某一次奇偶转换过程不发生元素交换时则排序结束。

【算法源代码】

```
void oeSort (int a[],  int n)
{
    int i, flag;
    while (1) {
        flag = 0;
        for(i = 0; i<n-1; i = i + 2)    /* 从下标 0 开始进行两两元素比较与交换 */
            if(a[i]>a[i+1]) {
                int x = a[i];  a[i] = a[i+1];  a[i+1] = x;
                flag = 1;
            }
        for(i = 1; i<n-1; i = i + 2)    /* 从下标 1 开始进行两两元素比较与交换 */
            if(a[i]>a[i+1]) {
                int x = a[i];  a[i] = a[i+1];  a[i+1] = x;
                flag = 1;
            }
        if(! flag) break;
    }
}
```

11.4 习 题

11.4.1 选择题

1.某内排序方法的稳定性是指_____。

(A)该排序算法不允许有相同的关键字记录

(B)该排序算法允许有相同的关键字记录

(C)平均时间为 $O(n\log_2 n)$ 的排序方法

(D)以上都不对

2.下列排序方法中,_____是稳定的排序方法?

(A)直接选择排序　　　　　　　(B)直接插入排序

(C)希尔排序　　　　　　　　　(D)快速排序

3.下列内部排序算法中,排序的平均时间复杂度为 $O(n\log_2 n)$ 的算法是_____。

(A)快速排序　　　　　　　　　(B)直接插入排序

(C)气泡排序　　　　　　　　　(D)直接选择排序

4.排序趟数与序列的原始状态有关的排序方法是_____排序法。

(A)直接插入排序　　　　　　　(B)直接选择排序

(C)堆排序　　　　　　　　　　(D)快速排序

5.下面的四种排序方法中,_____的排序过程中的比较次数与初始状态无关。

(A)选择排序法　　　　　　　　(B)插入排序

(C)快速排序　　　　　　　　　(D)堆排序

6.对一组数据(84,47,25,15,21)排序,数据的排列次序在排序的过程中的变化情况为:

(1) 84 47 25 15 21　　　　　　(2) 15 47 25 84 21

(3) 15 21 25 84 47　　　　　　(4) 15 21 25 47 84

则采用的排序法是_____。

(A)选择排序　　　　　　　　　(B)冒泡排序

(C)快速排序　　　　　　　　　(D)插入排序

7.对序列{15,9,7,8,20,−1,4}进行排序,进行一趟后数据的排列变为{4,9,−1,8,20,7,15},则采用的是_____排序法。

(A)选择　　　　　　　　　　　(B)快速

(C)希尔　　　　　　　　　　　(D)冒泡

8.下列排序算法中_____不能保证每趟排序至少能将一个元素放到其最终的位置上。

(A)快速排序　　　　　　　　　(B)shell 排序

(C)堆排序　　　　　　　　　　(D)冒泡排序

9. 在下面的排序方法中,辅助空间为 $O(n)$ 的是_____。

(A)希尔排序　　　　　　　　　(B)堆排序

(C)选择排序　　　　　　　　　(D)归并排序

10.下列排序算法中,在每一趟都能选出一个元素放到其最终位置上,并且其时间性能受数据初始特性影响的是_____。

(A)直接插入排序　　　　　　　(B)快速排序

(C)直接选择排序　　　　　　　(D)堆排序

11. 对初始状态为递增序列的表按递增顺序排序,最费时间的是_____算法。

(A)堆排序　　　　　　　　　　(B)快速排序

(C)插入排序　　　　　　　　　(D)归并排序

12. 就平均性能而言,目前最好的内排序方法是_____排序法。

(A)冒泡　　　　　　　　　　　(B)希尔

(C)交换　　　　　　　　　　　(D)快速

13.在文件"局部有序"或文件长度较小的情况下,最佳内部排序的方法是_____。

(A)直接插入排序　　　　　　　(B)冒泡排序

（C）简单选择排序　　　　　　　　　　（D）快速排序

14.下列排序算法中，_____算法可能会出现下面情况：在最后一趟开始之前，所有元素都不在其最终的位置上。

（A）堆排序　　　　　　　　　　　　　（B）冒泡排序

（C）快速排序　　　　　　　　　　　　（D）插入排序

15.用直接插入排序方法对下面四个序列进行排序（由小到大），元素比较次数最少的是_____。

（A）94,32,40,90,80,46,21,69　　　　　（B）32,40,21,46,69,94,90,80

（C）21,32,46,40,80,69,90,94　　　　　（D）90,69,80,46,21,32,94,40

16. 若用冒泡排序法对序列｛10,14,26,29,41,52｝从大到小排序，需进行_____次比较。

（A）3　　　　　　　　　　　　　　　　（B）10

（C）15　　　　　　　　　　　　　　　（D）25

17. 对序列｛15,9,7,8,20,−1,4,｝用希尔排序方法排序，经一趟后序列变为｛15,−1,4,8,20,9,7｝则该次采用的增量是_____。

（A）1　　　　　　　　　　　　　　　　（B）4

（C）3　　　　　　　　　　　　　　　　（D）2

18.在含有 n 个关键字的小根堆中，关键字最大的记录有可能存储在_____位置上。

（A）$\lfloor n/2 \rfloor$　　　　　　　　　　　　　（B）$\lfloor n/2 \rfloor - 1$

（C）1　　　　　　　　　　　　　　　　（D）$\lfloor n/2 \rfloor + 2$

19. 有一组数据（15,9,7,8,20,−1,7,4），用堆排序的筛选方法建立的初始堆为_____。

（A）−1,4,8,9,20,7,15,7

（B）−1,7,15,7,4,8,20,9

（C）−1,4,7,8,20,15,7,9

（D）A,B,C 均不对。

20.将两个各有 N 个元素的有序表归并成一个有序表，其最少的比较次数是_____。

（A）N　　　　　　　　　　　　　　　　（B）2N−1

（C）2N　　　　　　　　　　　　　　　（D）N−1

选择题答案：

1.D　　　2. B　　　3. A　　　4. D　　　5. A

6. A　　　7. C　　　8. B　　　9. D　　　10. B

11. B　　12. D　　13. A　　14. D　　15. C

16. C　　17. B　　18. D　　19. C　　20. A

11.4.2　填空题

1.在对一组纪录（54,38,96,23,15,72,60,45,83）进行直接插入排序时，当把第 7 个记录 60 插入到有序表时，为寻找插入位置需要比较_____次。

2.对 n 个元素的序列进行冒泡排序时，最少的比较次数是_____。

3. 在排序过程中,主要进行的两种基本操作是关键字的_____和记录的_____。

4. 不受待排序初始序列的影响,时间复杂度为 $O(n^2)$ 的排序算法是_____。

5. 直接插入排序用监视哨的作用是_____。

6. 对 n 个记录的表 r[1..n] 进行简单选择排序,所需进行的关键字间的比较次数为_____。

7. 设用希尔排序对数组 $\{98,36,-9,0,47,23,1,8,10,7\}$ 进行排序,给出的步长(也称增量序列)依次是 4,2,1 则排序需_____趟,写出第一趟结束后,数组中数据的排列次序_____。

8. 对于 7 个元素的集合 $\{1,2,3,4,5,6,7\}$ 进行快速排序,具有最小比较和交换次数的初始排列次序为_____。

9. 快速排序在_____的情况下最易发挥其长处。

10. 设有字母序列 $\{Q,D,F,X,A,P,N,B,Y,M,C,W\}$,请写出按 2 路归并排序方法对该序列进行一趟扫描后的结果_____。

填空题答案:

1. 3

2. $n-1$

3. 比较   移动

4. 直接选择排序

5. 免去查找过程中每一步都要检测整个表是否查找完毕,提高了查找效率

6. $n(n-1)/2$

7. 3 $(10,7,-9,0,47,23,1,8,98,36)$

8. $(4,1,3,2,6,5,7)$

9. 最好每次划分能得到两个长度相等的子区间

10. $\{D,Q,F,X,A,P,B,N,M,Y,C,W\}$

11.4.3 应用题

1. 快排序、堆排序、归并排序、Shell 排序中,哪种排序平均比较次数最少,哪种排序占用空间最多,哪几种排序算法是不稳定的?

2. 已知一组元素的排序码为 $(46,74,16,53,14,26,40,38,86,65,27,34)$,写出用下列算法从小到大排序时第一趟结束时的序列。

(1)直接选择排序

(2)堆排序(构成初始堆的状态)

(3)快速排序

(4)二路归并排序

3. 如果只要找出一个具有 n 个元素的集合的第 $k(1 \leqslant k \leqslant n)$ 个最小元素,哪种排序方法最适合? 给出实现的思路。

4. 试为下列各种情况选择合适的排序方法:

(1)n=30,要求在最坏的情况下,排序速度最快;

(2)n=30,要求排序速度既要快,又要排序稳定。

5. 全国有 10000 人参加物理竞赛,只录取成绩优异的前 10 名,并将他们从高分到低分输

出。而对落选的其他考生,不需排出名次,问此种情况下,用何种排序方法速度最快?为什么?

应用题答案:

1.平均比较次数最少:快速排序;占用空间最多:归并排序;不稳定排序算法:快速排序、堆排序、希尔排序。

2.

(1)直接选择排序:(14,74,16,53,46,26,40,38,86,65,27,34)

(2)堆排序(初始堆):(86,74,40,53,65,34,16,38,46,14,27,26)

(3)快速排序:(38,34,16,27,14,26,40,46,86,65,53,74)

(4)二路归并排序:(46,74,16,53,14,26,38,40,65,86,27,34)

3.在具有 n 个元素的集合中找第 k(1≤k≤n)个最小元素,应使用快速排序方法。其基本思想如下:设 n 个元素的集合用一维数组表示,其第一个元素的下标为1,最后一个元素下标为 n。以第一个元素为基准元素,经过快速排序的一次划分,找到基准元素的位置 i,若 i==k,则该位置的元素即为所求;若 i>k,则在 1 至 i-1 间继续进行快速排序的划分;若 i<k,则在 i+1 至 n 间继续进行快速排序的划分。这种划分一直进行到 i==k 为止,第 i 位置上的元素就是第 k(1≤k≤n)个最小元素。

4.(1)从平均时间复杂度而言,在所有内排序中,快速排序最佳,但是快速排序在最坏情况下的时间性很差,因此不能选择。堆排序和归并排序速度都较快,为 O(nlbn),只有在 n 较大时,归并排序才比堆排序快,但其所需辅助空间最多。根据题意综合考虑,可以选择堆排序或归并排序。

(2)在内排序中,稳定的排序方法有:直接插入排序、冒泡排序、归并排序,其中只有归并排序速度最快,因此,选择归并排序。

5. 在内部排序方法中,一趟排序后只有简单选择排序和冒泡排序可以选出一个最大(或最小)元素,并加入到已有的有序子序列中,但要比较 n-1 次。选次大元素要再比较 n-2 次,其时间复杂度是 O(n²)。从 10000 个元素中选 10 个元素不能使用这种方法。而快速排序、shell 排序、归并排序等时间性能好的排序,都要等到最后才能确定各元素位置。只有堆排序,在未结束全部排序前,可以有部分排序结果。建立堆后,堆顶元素就是最大(或最小)元素,然后,调整堆又选出次大(小)元素。凡要求在 n 个元素中选出 k(n>k,k>2)个最大(或最小)元素,一般均使用堆排序。

11.4.4　算法设计题

1.已知不带头结点的线性链表 list,其结点结构中包括一个数据域 data 和一个指针域 next。请编写一个函数,将该链表按数据域的值从小到大重新链接。

2.一个集合中的元素为正整数或负整数,设计一个算法,将正整数与负整数分开,使集合的前部为负整数,后部为正整数,不要求对它们排序,但要求尽量减少交换次数。

3.编写一个对整数数组 A[n]中的 A[0]至 A[n-1]元素进行选择排序的算法,使得首先从待排序区间中选择出一个最小值并与第一个元素交换,再从待排序区间中选择出一个最大值并与最后一个元素交换,反复进行直到待排序区间中元素的个数不超过 1 为止。

4.设计一个算法:修改冒泡排序过程以实现双向冒泡排序。

5.若有大写字母、小写字母和数字组成的集合存放于一维数组中,请编写一个时间复杂度为 O(n)的算法,使得数组中的字符按大写字母、数字、小写字母的顺序排序,且辅助空间为 O(1)。

算法设计题答案：

1.【算法分析】

根据题目要求，本题可采用直接插入排序算法。

【算法源代码】

```
void sort(Node * &list)
{
    Node * p, * s, * q, * r;
    s = (Node * )malloc(sizeof(Node));   / * 为了方便,建立一个头结点 * /
    s - >next = list;
    p = list - >next;
    s - >next - >next = NULL;
    while(p ! = NULL) {
        q = s;
        while(q - >next ! = NULL&&q - >next - >data<p - >data)
            q = q - >next;
        r = p - >next;
        p - >next = q - >next;   / * 将 * p 插入有序链表 * /
        q - >next = p;
        p = r;
    }
    List = s - >next;
    free(s);
}
```

2.【算法分析】

可利用快速排序法的思路，先从前向后查找一个非负数，再从后向前找一个非正数，交换其位置，重复上述过程，直至扫描至中间为止，这样，就将数据正负分开了。实际上，就是将 0 作为一趟快速排序的基准元素。

【算法源代码】

```
void separate(int s[], int n)
{
    int i, j;
    i = 0; j = n - 1;
    while(i<j) {
        while(s[i]<0 && i<j)  i++ ;
        while(s[j]>0 && i<j)  j-- ;
        if(i> = j)  break;
        int x = s[i]; s[i] = s[j]; s[j] = x;
        i++ ;  j-- ;
    }
}
```

3.【算法分析】

该题目对程序的算法过程描述已经非常详细,需要注意的是,由于每趟都可以找到一个最小值和一个最大值,所以,此算法共需进行 n/2 趟操作。

【算法源代码】

```
void SelectSort(int A[], int n)
{
    int i, j, k, x;
    for(i = 0; i<n/2; i++) {    /* 共需进行 n/2 趟 */
        k = i;
        for(j = i + 1; j<= n - i - 1; j++)    /* 找最小值 */
            if(A[j]<A[k])  k = j;
        x = A[i]; A[i] = A[k]; A[k] = x;    /* 最小值与第一个元素交换 */
        k = n - i - 1;
        for(j = n - i - 2; j>= i + 1; j--)    /* 找最大值 */
            if(A[j]>A[k])  k = j;
        x = A[n - i - 1]; A[n - i - 1] = A[k]; A[k] = x;    /* 最大值与最后一个元素交换 */
    }
}
```

4.【算法分析】

双向冒泡是在排序过程中交替改变扫描方向,每一趟通过每两个相邻的关键字进行比较,产生最小和最大的元素。

【算法源代码】

```
void DoubleBubbleSort( ElemType A[],  int n )
{
    int i, j, flag;        //flag 为交换标记
    ElemType x;
    for (i = 1; i<= n - 1; i++)  {
        flag = 0;
        for (j = n - 1; j>= i; j--)     /* 从后向前 */
            if( A[j].stn < A[j - 1].stn )  {
                flag = 1;
                x = A[j];   A[j] = A[j - 1];   A[j - 1] = x;
            }
        for (j = i; j<= n - 1; j++)     /* 从前向后 */
            if( A[j].stn < A[j - 1].stn )  {
                flag = 1;
                x = A[j];   A[j] = A[j - 1];   A[j - 1] = x;
            }
        if (flag == 0)  return;
    }
}
```

5.【算法分析】

排序本质上就是分类,通常是按关键字排序,广义上来说,按照某种特殊的要求划分也是排序。在 $O(n)$ 的时间复杂度内完成按大写字母、数字、小写字母的分类,实际上就是通过对此序列的一次扫描,将大写字母交换至前面,而将小写字母交换交换至后面,从而完成分类操作。

【算法源代码】

```
void ADA( ElemType A[],  int n )
{
    int i, j, k;
    char temp;
    i = j = 0;
    k = n - 1;
    while (j < = k) {
        if (A[j] > = 'A' && A[j] < = 'Z') {
            temp = A[j];  A[j] = A[i];  A[i] = temp;
            i++ ;  j++ ;
        }
        else if (A[j] > = '0' && A[j] < = '9')
            j++ ;
        else if (A[j] > = 'a' && A[j] < = 'z') {
            temp = A[j];  A[j] = A[k];  A[k] = temp;
            k-- ;
        }
    }
}
```

附录　实验报告格式

实验报告

课程名称 _____ ×××××××× _____

实验项目名称 _____ ×××××××× _____

学生姓名 _____ 专业班级 _____ 学号 _____

实验成绩 _____ 指导老师（签名） _____ 日期 _____

一、实验目的和要求

　　1. ××××××
　　2. ××××××

二、实验内容

　　1. ××××××
　　2. ××××××

三、函数的功能说明及算法思路

　　（包括每个函数的功能说明，以及一些重要函数的算法实现思路）

四、运行结果与分析

　　（包括运行结果截图、结果分析等）

五、心得体会

　　（记录实验感受、上机过程中遇到的困难及解决办法、遗留的问题、意见和建议等。）

【附录——源程序】
（给出完整的源程序）

主要参考文献

1. 徐孝凯. 数据结构实用教程(第 2 版). 北京:清华大学出版社,2006.
2. 吴艳,周苏,李益明,柳俊,等. 数据结构与算法实验教程. 北京:科学出版社,2007.
3. 严蔚敏,吴伟民. 数据结构(C 语言版). 北京:清华大学出版社,2004.
4. 李春葆,等. 数据结构习题与解析(第 2 版). 北京:清华大学出版社,2004.
5. 王红梅,胡明,王涛. 数据结构(C＋＋版)学习辅导与实验指导. 北京:清华大学出版社,2005.
6. 高晓兵,张凤琴,高晓军,万能. 数据结构实验教程. 北京:清华大学出版社,2006.
7. 王成端,徐翠霞. 数据结构上机实验与习题解析. 北京:中国电力出版社,2006.
8. 宁正元,易金聪,等. 数据结构习题解析与上机实验指导. 北京:中国水利水电出版社,2000.

内容简介

　　本书是作者积多年讲授"数据结构"课程及指导学生实验的教学经验而编写的一本实验教材。全书采用 C++语言作为数据结构与算法的描述语言,对应于教科书中的各知识点,每一章首先对知识点进行概述,然后给出相应内容的若干个实验项目,最后再给出习题范例解析与习题以巩固知识点的掌握。

　　本书由 2 个篇章组成,第一篇章是数据结构的基础部分,内容涉及数据结构和算法分析基础、线性表、栈和队列、树和二叉树、图;第二篇章是数据结构的进阶部分,内容涉及线性表和栈的应用、稀疏矩阵和广义表、特殊二叉树、图的应用、查找与排序等。每个知识点均包含 2 至 3 个实验项目,实验内容的组织充分顾及了不同的难易程度,每个实验项目除给出基本实验内容外,还包含选做内容部分与实验提示,以符合不同层次的学生。此外,每个知识点还给出了习题范例解析、选择题、填空题、解答题、算法设计题及参考答案,这些题目大多是作者长年教学的积累。

　　本书实验内容丰富、习题题型多样、实用性强,非常适合作为应用型高等院校计算机及相关专业数据结构课程的实验教材,也可供各类学生课程学习与考前复习使用。

图书在版编目（CIP）数据

　　数据结构实验教程 / 严冰等编著. —杭州：浙江
大学出版社，2012.7
　　ISBN 978-7-308-10008-3

　　Ⅰ．①数… Ⅱ．①严… Ⅲ．①数据结构－高等学校－
教材　Ⅳ．①TP311.12

　　中国版本图书馆 CIP 数据核字（2012）第 101923 号

数据结构实验教程

严　冰　柳　俊　张　泳　王云武　胡　隽　王泽兵　编著

责任编辑	周卫群
封面设计	刘依群
出版发行	浙江大学出版社
	（杭州市天目山路 148 号　邮政编码 310007）
	（网址：http://www.zjupress.com）
排　　版	杭州中大图文设计有限公司
印　　刷	富阳市育才印刷有限公司
开　　本	787mm×1092mm　1/16
印　　张	14.75
字　　数	377 千
版 印 次	2012 年 7 月第 1 版　2012 年 7 月第 1 次印刷
书　　号	ISBN 978-7-308-10008-3
定　　价	30.00 元